Begriffe in der Lebensmittelhygiene

Jetzt diesen Titel zusätzlich als E-Book downloaden und 70 % sparen!

Als Käufer dieses Buchtitels haben Sie Anspruch auf ein besonderes Kombi-Angebot: Sie können den Titel zusätzlich zum Ihnen vorliegenden gedruckten Exemplar für nur 30 % des Normalpreises als E-Book beziehen.

Der BESONDERE VORTEIL: Im E-Book recherchieren Sie in Sekundenschnelle die gewünschten Themen und Textpassagen. Denn die E-Book-Variante ist mit einer komfortablen Volltextsuche ausgestattet!

Deshalb: Zögern Sie nicht. Laden Sie sich am besten gleich Ihre persönliche E-Book-Ausgabe dieses Titels herunter.

In 3 einfachen Schritten zum E-Book:

❶ Rufen Sie die Website **www.beuth.de/e-book** auf.

❷ Geben Sie hier Ihren persönlichen, nur einmal verwendbaren E-Book-Code ein:

30863FADCCA012F

❸ Klicken Sie das „Download-Feld“ an und gehen dann weiter zum Warenkorb. Führen Sie den normalen Bestellprozess aus.

Hinweis: Der E-Book-Code wurde individuell für Sie als Erwerber dieses Buches erzeugt und darf nicht an Dritte weitergegeben werden. Mit Zurückziehung dieses Buches wird auch der damit verbundene E-Book-Code für den Download ungültig.

Begriffe in der Lebensmittelhygiene

Thomas Reiche
Wolfram Martens

Begriffe in der Lebensmittelhygiene

Kommentar der DIN 10503

Mit Ausführungen zum Managementsystem für Lebensmittelsicherheit

1. Auflage 2022

Herausgeber:
DIN Deutsches Institut für Normung e. V.

Beuth Verlag GmbH · Berlin · Wien · Zürich

Herausgeber: DIN Deutsches Institut für Normung e. V.

Berlin · Wien · Zürich
Am DIN-Platz
Burggrafenstraße 6
10787 Berlin

Telefon: +49 30 2601-0
Telefax: +49 30 2601-1260
Internet: www.beuth.de
E-Mail: kundenservice@beuth.de

Satz: Beuth Verlag GmbH, Berlin

Druck: PrintGroup, Szczecin

Gedruckt auf säurefreiem, alterungsbeständigem Papier nach DIN EN ISO 9706

ISBN 978-3-410-30863-8
ISBN (E-Book) 978-3-410-30864-5

Autorenporträt

Thomas Reiche

Mitglied im Arbeitskreis NA 057-02-01-17 AK „Terminologie“ des Arbeitsausschusses NA 057-02-01 AA „Lebensmittelhygiene“ im DIN-Normenausschuss Lebensmittel und landwirtschaftliche Produkte (NAL).

Dr. med. vet. Thomas Reiche ist Fachtierarzt für Lebensmittelhygiene und Fachtierarzt für Öffentliches Veterinärwesen (Amtstierarzt).

Er war von 1983 bis 2018 Lebensmittel-Sachverständiger der Bundeswehr, dort u. a. Verwendungen als leitender Lebensmittelhygieniker der Bundeswehr und Referent Veterinärwesen im Bundesministerium der Verteidigung und bis zur Pensionierung in der Leitung des Zentralen Institutes der Bundeswehr in Koblenz und als Abteilungsleiter Veterinärmedizin tätig.

Thomas Reiche war bis 2018 Mitglied und stellvertretender Vorsitzender der Hygienekommission des BfR. Er ist Vorsitzender und Mitglied in zahlreichen Arbeitskreisen des DIN und ehrenamtlicher Experte des DIN-Verbraucherrates.

Wolfram Martens

Mitglied im Arbeitskreis NA 057-02-01-17 AK „Terminologie“ des Arbeitsausschusses NA 057-02-01 AA „Lebensmittelhygiene“ im DIN-Normenausschuss Lebensmittel und landwirtschaftliche Produkte (NAL).

Professor Dr. med. vet. Wolfram Martens ist Fachtierarzt für Öffentliches Veterinärwesen und außerplanmäßiger Professor für Umwelt- und Tierhygiene an der Universität Hohenheim.

Nach den Jahren im Dienst der Forschung und Lehre an der Universität wechselte er im Jahre 2001 erst für ca. 3 Jahre ins Ministerium für Ländlichen Raum und Verbraucherschutz (MLR) in Stuttgart und leitete nach anderthalb Jahren beim Landratsamt Rems-Murr-Kreis das Veterinäramt Emmendingen für knapp 10 Jahre. Seit Herbst 2015 leitet er das Landeskontrollteam Lebensmittelsicherheit Baden-Württemberg (LKL BW), ein überregionales und interdisziplinäres Team, das zum einen die Funktion einer schnellen Eingreiftruppe im Falle von lebensmittelbedingten Ereignissen und Krisen in Baden-Württemberg ausfüllen soll, zum anderen die zuständigen regionalen Lebensmittelberwachungsbehörden bei besonderen Kontrollen oder der Überprüfung größerer und großer Lebensmittelunternehmen unterstützt.

Wolfram Martens ist seit Sommer 2019 Mitglied in mehreren Arbeitsgruppen des DIN.

Roland Sohmen

Vorsitzender des Arbeitskreises NA 057-02-01-17 AK „Terminologie“ des Arbeitsausschusses NA 057-02-01 AA „Lebensmittelhygiene“ im DIN-Normenausschuss Lebensmittel und landwirtschaftliche Produkte (NAL).

Dr. rer. nat. Sohmen ist als wissenschaftlicher Mitarbeiter bei der Berufsgenossenschaft für Nahrungsmittel und Gaststätten tätig mit Schwerpunkt im Arbeits- und Gesundheitsschutz in seiner Funktion als Leiter des Labors Mikrobiologie in der Abteilung Gesundheitsschutz im Geschäftsbereich Prävention; Koordinator für biologische Arbeitsstoffe und Mitarbeiter in Gremien der Deutschen Gesetzlichen Unfallversicherung (DGUV; Fachbereich Nahrungsmittel), im Koordinierungsausschuss für biologische Arbeitsstoffe (KOBAS) und Mitglied UA-1 im Ausschuss für Biologische Arbeitsstoffe (ABAS).

Roland Sohmen ist stellvertretender Obmann des Arbeitsausschusses NA 057-02-01 AA „Lebensmittelhygiene“ im DIN-Normenausschuss Lebensmittel und landwirtschaftliche Produkte (NAL) und Mitglied in weiteren Arbeitskreisen des DIN, EN und ISO auf dem Gebiet der Lebensmittelsicherheit, mikrobiologischer Nachweisverfahren in der Lebensmittelkette und Anforderung an die Hygiene von Nahrungsmittelmaschinen und Lebensmittelkontaktmaterialien.

Vorwort

Als grundlegende Norm soll die aktualisierte DIN 10503 *Lebensmittelhygiene – Begriffe* die künftige Überarbeitung von Normen in der Reihe DIN 10500 ff. zur Lebensmittelhygiene erleichtern und dazu beitragen, dass die Normen mit gleichen Begriffsbestimmungen erstellt werden. Insbesondere kann man die Norm dazu nutzen, Wiederholungen der gesamten Darstellung des Hygienesicherheitssystems HACCP in anderen Normen zu kürzen und sich auf spezielle Aspekte in diesen Normen zu konzentrieren.

Die neue DIN 10503, Ausgabe 2022, ist daher um viele Begriffe ergänzt worden. Die Begriffe wurden 2020/21 in allen vorliegenden Normen der Reihe betrachtet und über spezielle Normaspekte einzelner Normen hinausgehende Begriffe in die hier nun vorliegende DIN 10503 überführt und so als allgemeingültig bestimmt. Die Begriffe sind neu in Themenbereiche gegliedert worden.

Dieser Kommentar soll dazu dienen, weitere Informationen zu den Begriffsbestimmungen zu geben, um so das Ziel der Vereinheitlichung der Normungsarbeit in den Arbeitskreisen zu erreichen.

Der alte Anhang A zu HACCP wird mit dieser Ausgabe durch einen neuen Anhang A zum Managementsystem Lebensmittelsicherheit ersetzt. Er enthält Inhalte zum Aufbau eines Managementsystems zur Lebensmittelsicherheit, zur Gestaltung des betrieblichen Hygienemanagements einschließlich Erläuterungen zur Gefahrenanalyse und zur Risikobewertung. Wie bisher ist das HACCP-Konzept integraler Bestandteil, und Aspekte für die Flexibilisierung des Systems für kleine Betriebe werden berücksichtigt. Das ursprüngliche Beiblatt zur DIN 10503 ist als neue Anhänge B und C in die Norm überführt worden.

Wir hoffen, dass die DIN 10503 mit den grundlegenden Begriffsbestimmungen mit der hier vorliegenden Kommentierung so einen wertvollen Beitrag zur Normungsarbeit aller Arbeitskreise in der Lebensmittelhygiene leisten kann und auch außerhalb der Normungsarbeit eine gute Hilfestellung für das Hygienemanagement und Lebensmittelunternehmer darstellt.

Berlin, im März 2022

Für die Autoren

Dr. Thomas Reiche
Prof. Dr. Wolfram Martens

Danksagung

Der Coautor dieses Kommentars zur DIN 10503, Dr. Roland Sohmen, hatte zu Beginn der aktuellen Normungsarbeit 2019 die Leitung des Arbeitskreises übernommen und den Arbeitskreis durch seine gute Gesprächsführung und Vorlage von fachlich sehr gut vorbereiteten Arbeitsunterlagen zu den jeweiligen Sitzungen in kurzer Zeit zum Ziel geführt. Wir danken ihm insbesondere dafür, dass er auch in der vorliegenden Kommentierung einzelne Abschnitte federführend übernommen hat.

Allen im Arbeitskreis NA 057-02-01-17 AK „Terminologie“ ist für ihre intensive und fachlich fundierte Mitarbeit zu danken, ohne die diese Aktualisierung und Erweiterung der DIN 10503 nicht in so kurzer Zeit zu bewerkstelligen gewesen wäre. Die dabei eingebrachten Impulse sind auch in die Kommentierung der Norm mit eingeflossen.

Herzlich danken wir Frau Dr. Anja Buschulte vom Bundesinstitut für Risikobewertung (BfR) in Berlin für ihre konstruktive Zusammenarbeit bei der Erstellung und dem inhaltlichen Abgleich der HACCP-Darstellung sowie den grundlegenden Begriffsbestimmungen in der neuen Ausgabe zu dem Thema HACCP beim BfR.

Unser besonderer Dank gilt Frau Sibylle Herbst, die als DIN-Geschäftsführerin im Arbeitskreis nicht nur die teils schwierige Protokollierung der Sitzungen vorgenommen hat, sondern in der Normungsarbeit stets die Vorgaben der Normungsarbeit des Hauses DIN mit einbrachte und so zu der Gestaltung dieser Norm wesentlich beitrug.

Inhaltsverzeichnis

DIN 10503 Lebensmittelhygiene – Begriffe

Historischer Rückblick und Zielsetzung der aktualisierten DIN 10503:2022-02

Die DIN 10503:1989 *Lebensmittelhygiene – Begriffe* ist eine der ältesten Normen aus der Reihe 10500 ff. *Lebensmittelhygiene*. Sie diente ursprünglich nur als Sammlung von Begriffen.

Mit der *Richtlinie* 93/43/EWG des Rates vom 14. Juni 1993 über *Lebensmittelhygiene* wurde das HACCP-Konzept durch die Übernahme aus dem Codex *Alimentarius* in europäisches Recht und durch die nationale *Lebensmittelhygieneverordnung (LMHV)* von 1997 in das Lebensmittelhygienerecht eingebracht. Daher überarbeitete der Arbeitskreis die DIN 10503:1999 auch insbesondere um Ergänzungen zum Lebensmittelhygiene-Sicherheitskonzept und gab Informationen, wie man hierzu Fließschemata aufbaut und was unter den neuen Begriffen eines Lebensmittelhygiene-Sicherheitssystems zu verstehen ist.

Im ehemaligen *Bundesinstitut für gesundheitlichen Verbraucherschutz und Veterinärmedizin* (BgVV) war zeitgleich ein Merkblatt HACCP entstanden und veröffentlicht worden, welches als informativer Anhang A inhaltlich in die Norm übernommen wurde.

Die weitere Entwicklung führte vom klassischen HACCP-System zum gesamtheitlichen Denken eines Managementsystems, wie es grundlegend die Verordnung (EG) Nr. 852/2004 *Lebensmittelhygiene* vorgibt. Spätestens seit der dazugehörigen *Bekanntmachung der Kommission zur Umsetzung von Managementsystemen für Lebensmittelsicherheit unter Berücksichtigung von PRPs und auf die HACCP-Grundsätze gestützten Verfahren einschließlich Vereinfachung und Flexibilisierung bei der Umsetzung in bestimmten Lebensmittelunternehmen* ergab sich die Notwendigkeit, den veralteten informativen Anhang A (HACCP) durch einen neuen normativen Anhang A (Basishygienemaßnahmen (PRPs) und HACCP-Grundsätze) zu ersetzen. Der neue Anhang A gibt zum Managementsystem für Lebensmittelhygiene einen Überblick, Erläuterungen und Festlegungen, welche Anforderungen in den DIN-Normen zur Lebensmittelhygiene als *Grundlagen der Basishygienemaßnahmen* und als *HACCP-Grundsätze* inhaltlich gelten sollen. Er ist daher jetzt normativ angelegt.

Nach abgleichender Normungsarbeit in den unterschiedlichen Arbeitskreisen ist es dem Arbeitsausschuss Lebensmittelhygiene damit gelungen, eine begriffliche Systematik in die gesamte Normenreihe 10500 ff. *Lebensmittelhygiene* zu bringen. Die 2022 neu erschienenen Normen DIN 10503 *Lebensmittelhygiene – Begriffe* und DIN 10508 *Lebensmittelhygiene – Temperaturen für Lebensmittel* sind nun als Basisnormen konzipiert und für alle Normen der DIN-Reihe 10500 ff. gültig.

Nachfolgend ist der Normtext der DIN 10543:2022-03 abgedruckt, er wird absatzweise erläutert und gegebenenfalls werden auch Hintergründe zur Erstellung des Normtextes dargelegt. Zur besseren Unterscheidung sind dabei die zitierten Normtexte grau hinterlegt.

Vorwort der DIN 10503

Dieses Dokument wurde vom Arbeitskreis NA 057-02-01-17 AK „Terminologie" des Arbeitsausschusses NA 057-02-01 AA „Lebensmittelhygiene" im DIN-Normenausschuss Lebensmittel und landwirtschaftliche Produkte (NAL) unter Berücksichtigung bestehender gesetzlicher Definitionen erarbeitet.

Anhang A und Anhang B sind normativ und Anhang C ist informativ.

Es wird auf die Möglichkeit hingewiesen, dass einige Elemente dieses Dokuments Patentrechte berühren können. DIN ist nicht dafür verantwortlich, einige oder alle diesbezüglichen Patentrechte zu identifizieren.

Aktuelle Informationen zu diesem Dokument können über die Internetseiten von DIN (www.din.de) durch eine Suche nach der Dokumentennummer aufgerufen werden.

Änderungen

Gegenüber DIN 10503:2014-11 und DIN 10503 Beiblatt 1:2018-01 wurden folgende Änderungen vorgenommen:

a) die normativen Verweisungen aktualisiert und bezüglich der zitierten gesetzlichen Regeln zur Lebensmittelgesetzgebung dem neuesten Stand angepasst;

b) die Definitionen im Hinblick auf die Neugestaltung des Lebensmittelrechts überarbeitet und aktualisiert;

c) neue Begriffe aufgenommen;

d) Anhang A grundlegend überarbeitet;

e) Anhang B und Anhang C hinzugefügt;

f) das Dokument den derzeit geltenden Gestaltungsregeln angepasst.

Frühere Ausgaben

DIN 10503: 1989-05, 1999-12, 2007-03, 2014-11

DIN 10503 Beiblatt 1: 2018-01

Einleitung der DIN 10503

In diesem Dokument werden die wichtigsten Begriffe, die im Umgang mit Lebensmitteln verwendet werden, als offene Liste definiert. Im Zuge der Normungsarbeiten im Bereich der Lebensmittel wird sich die Notwendigkeit der Aufnahme weiterer Begriffsdefinitionen ergeben.

Der Arbeitsausschuss „Lebensmittelhygiene" hat sich entschieden, Begriffe, die auch im geltenden Recht verwendet werden und deren Bedeutungsinhalte zur Abgrenzung von Rechtspflichten dienen, soweit es erforderlich ist, aus gültigen Rechtsvorschriften zu übernehmen. Im Falle von Rechtsänderungen, die sich aus Änderungen geltender Verordnungen oder Richtlinien der Europäischen Union oder aus der Änderung von Gesetzen und Verordnungen des Deutschen Rechts ergeben, gelten die Definitionen der jeweils neuesten Fassung der Rechtsvorschriften. Bei wichtigen Änderungen wird das Dokument überarbeitet. Der Arbeitskreis war bei der Erarbeitung bemüht, alle Formulierungen genderneutral zu gestalten. Da bei Rechtstexten bislang ausschließlich das generische Maskulinum verwendet wird, konnte bei derartigen Zitaten keine genderneutrale Sprache verwendet werden.

Weiterhin wurden Begriffsbestimmungen, die nicht durch Rechtsnormen festgelegt, aber allgemeingültiger Natur sind, insbesondere, wenn sie in mehreren Normen verwendet werden, hier mit aufgenommen. Es handelt sich hierbei um Begriffsbestimmungen und Definitionen, die entweder durch Arbeitskreise selbst erarbeitet oder unter Heranziehung von Literatur festgelegt wurden.

Neu aufgenommen in die vorliegende Fassung des Dokuments wurden Begriffe zur Lebensmittelsicherheit. Dazu sind im Anhang A die Grundlagen der Basishygienemaßnahmen und die HACCP-Grundsätze historisch und inhaltlich dargestellt.

Anhang B behandelt die graphische Bearbeitung von Fließschemata zum HACCP-Verfahren.

Kommentierung der DIN 10503

1 Anwendungsbereich

Dieses Dokument legt Begriffe fest, die im Zusammenhang mit der Lebensmittelhygiene übergreifend von Bedeutung sind. Weitere Begriffe sind in fachspezifischen Normen mit hygienischen Anforderungen enthalten.

Die DIN 10503 ist eine Sammlung von Begriffsbestimmungen und Definitionen. Berücksichtigt wurden Begriffe der Lebensmittelhygiene, die immer wieder grundlegend zur Anwendung kommen. Sie beinhaltet aber nicht alle Begriffe, die in Normen der Reihe 10500 ff. *Lebensmittelhygiene* enthalten sind, und Abschnitt 3 der Norm ist auch kein Glossar mit umfangreichen Erläuterungen zu den Begriffen. In den spezifischen Normen kann es erforderlich sein, die Begriffe einzuschränken oder weiter zu spezifizieren.

2 Normative Verweisungen

Die folgenden Dokumente werden im Text in solcher Weise in Bezug genommen, dass einige Teile davon oder ihr gesamter Inhalt Anforderungen des vorliegenden Dokuments darstellen. Bei datierten Verweisungen gilt nur die in Bezug genommene Ausgabe. Bei undatierten Verweisungen gilt die letzte Ausgabe des in Bezug genommenen Dokuments (einschließlich aller Änderungen).

„*In Bezug genommen*“ bedeutet, dass die Quellen wörtlich zitiert und/oder inhaltlich umgesetzt werden. Ist dies der Fall, so steht die verwendete Quelle unmittelbar hinter dem Begriff/der Textpassage. Es ist darauf zu achten, dass bei datierten Verweisen die Formulierung exakt nach dieser Ausgabe zitiert wird und Änderungen des Quelltextes nach der Veröffentlichung der Norm für diese nicht zu berücksichtigen sind.

Bei undatierten Verweisen hingegen soll stets die jeweils gültige rechtliche Anforderung gelten.

DIN 10508, *Lebensmittelhygiene — Temperaturen für Lebensmittel*

DIN EN ISO 22000:2018-09, *Managementsysteme für die Lebensmittelsicherheit — Anforderungen an Organisationen in der Lebensmittelkette (ISO 22000:2018); Deutsche Fassung EN ISO 22000:2018*

Verordnung (EG) Nr. 178/2002 des Europäischen Parlaments und des Rates vom 28. Januar 2002 zur Festlegung der allgemeinen Grundsätze und Anforderungen des Lebensmittelrechts, zur Errichtung der Europäischen Behörde für Lebensmittelsicherheit und zur Festlegung von Verfahren zur Lebensmittelsicherheit

Verordnung (EG) Nr. 852/2004 des Europäischen Parlaments und des Rates vom 29. April 2004 über Lebensmittelhygiene

Verordnung (EG) Nr. 853/2004 des Europäischen Parlaments und des Rates vom 29. April 2004 mit spezifischen Hygienevorschriften für Lebensmittel tierischen Ursprungs

Verordnung über tiefgefrorene Lebensmittel (TLMV) in der Fassung der Bekanntmachung vom 22. Februar 2007 (BGBl. I S. 258), die zuletzt durch Artikel 4 der Verordnung vom 5. Juli 2017 (BGBl. I S. 2272) geändert worden ist

Alle weiteren Quellen, die zur Normungsarbeit und zu dieser Kommentierung herangezogen wurden, findet man im Literaturverzeichnis.

3 Begriffe

Für die Anwendung dieses Dokuments gelten die folgenden Begriffe.

DIN und DKE stellen terminologische Datenbanken für die Verwendung in der Normung unter den folgenden Adressen bereit:

- DIN-TERMinologieportal: verfügbar unter https://www.din.de/go/din-term/
- DKE-IEV: verfügbar unter http://www.dke.de/DKE-IEV

3.1 Allgemeine Begriffe

3.1.1

Lebensmittel

Stoffe oder Erzeugnisse, die dazu bestimmt sind oder von denen nach vernünftigem Ermessen erwartet werden kann, dass sie in verarbeitetem, teilweise verarbeitetem oder unverarbeitetem Zustand von Menschen aufgenommen werden

Anmerkung 1 zum Begriff: Zu „Lebensmitteln" zählen auch Getränke, Kaugummi sowie alle Stoffe einschließlich Wasser, die dem Lebensmittel bei seiner Herstellung oder Ver- oder Bearbeitung absichtlich zugesetzt werden. Wasser zählt hierzu unbeschadet der Anforderungen der Richtlinien 80/778/EWG und 98/83/EG ab der Stelle der Einhaltung im Sinne des Artikels 6 der Richtlinie 98/83/EG.

Nicht zu „Lebensmitteln" gehören:

a) Futtermittel;
b) lebende Tiere, soweit sie nicht für das Inverkehrbringen zum menschlichen Verzehr hergerichtet worden sind;
c) Pflanzen vor dem Ernten;
d) Arzneimittel im Sinne der Richtlinien 65/65/EWG (21) und 92/73/EWG (22) des Rates;
e) kosmetische Mittel im Sinne der Richtlinie 76/768/EWG (23) des Rates;
f) Tabak und Tabakerzeugnisse im Sinne der Richtlinie 89/622/EWG (24) des Rates;

g) Betäubungsmittel und psychotrope Stoffe im Sinne des Einheitsübereinkommens der Vereinten Nationen über Suchtstoffe, 1961, und des Übereinkommens der Vereinten Nationen über psychotrope Stoffe, 1971;

h) Rückstände und Kontaminanten.

Anmerkung 2 zum Begriff: Die Benennung „Aufnehmen" wird im LFGB wie folgt näher definiert: Das Essen, Kauen, Trinken sowie jede sonstige Zufuhr von Stoffen in den Magen.

[QUELLE: Verordnung (EG) Nr. 178/2002, modifiziert – Anmerkung 1 zum Begriff und Anmerkung 2 zum Begriff wurden hinzugefügt.]

Es handelt sich bei dieser Begriffsbestimmung um die Definition der EU-Basisverordnung (EG) Nr. 178/2002. Die Abgrenzungen dienen dazu, für spätere Zweckbestimmungen und Anwendungsbereiche in Normen den Geltungsbereich für Lebensmittel klar zu umreißen. Zur Erläuterung wurden die beiden Anmerkungen zur Begriffsbestimmung hinzugefügt.

Die Umschreibung „*vom Menschen aufgenommen werden*" hat in den letzten Jahren zur Problematik geführt, dass z. B. Insekten, die in Europa bislang nicht auf der „Speisekarte" der Ernährung standen, als neuartige Lebensmittel zuzulassen waren.

Stoffe, die nicht dazu bestimmt sind, dass sie gegessen oder getrunken werden, sind nach dieser Definition von den Lebensmitteln ausgenommen. Für die Bewertung, ob ein Produkt zu den Lebensmitteln zu zählen ist, gilt auch dessen Zweckbestimmung, was in der Formulierung „*nach vernünftigem Ermessen*" zum Ausdruck kommt. Es ist daher nicht allein die Zweckbestimmung maßgeblich, sondern auch, ob erwartet werden kann, dass dieses Produkt von Menschen nicht als Lebensmittel angesehen wird, z. B. Arzneimittel.

3.1.2

Lebensmittelrecht

Rechts- und Verwaltungsvorschriften für Lebensmittel im Allgemeinen und die Lebensmittelsicherheit im Besonderen, sei es auf gemeinschaftlicher oder auf einzelstaatlicher Ebene, wobei alle Produktions-, Verarbeitungs- und Vertriebsstufen von Lebensmitteln wie auch von Futtermitteln, die für die Lebensmittelgewinnung dienende Tiere hergestellt oder an sie verfüttert werden, einbezogen sind

[QUELLE: Verordnung (EG) Nr. 178/2002]

Das Lebensmittelrecht ist ein komplexes Spezialrecht. Es besteht aus dem gemeinschaftlichen europäischen Lebensmittelrecht und aus dem ergänzenden nationalen Recht. Ein wichtiges Teilgebiet des Lebensmittelrechts ist das Lebensmittelhygienerecht, welches dieser Norm und allen Normen der Reihe 10500 ff. *Lebensmittelhygiene* zugrunde liegt.

Zum Lebensmittelhygienerecht gehören auf europäischer Seite insbesondere die (Basis-)Verordnung (EG) Nr. 178/2002 und die Verordnungen (EG) Nr. 852/2004 über Lebensmittelhygiene sowie die Verordnung (EG) Nr. 853/2004 mit spezifischen Hygienevorschriften für Lebensmittel tierischen Ursprungs.

Auf diese Rechtsverordnungen wird regelmäßig in den Normen verwiesen.

Dazu ergänzend gibt es weiterhin das deutsche Lebensmittel- und Futtermittelgesetzbuch (LFGB) sowie für den Bereich der Lebensmittelhygiene die Lebensmittelhygieneverordnung (LMHV) und – wie in der EU – die speziellere Tierische Lebensmittel-Hygieneverordnung (Tier-LMHV).

Hinzu kommen sowohl auf europäischer als auch nationaler Ebene zahlreiche weitere spezielle Verordnungen, beispielsweise für mikrobiologische Anforderungen, die ggf. zu berücksichtigen sind.

3.1.3

Lebensmittelunternehmen

Unternehmen, gleichgültig, ob es auf Gewinnerzielung ausgerichtet ist oder nicht und ob es öffentlich oder privat ist, das eine mit der Produktion, der Verarbeitung und dem Vertrieb von Lebensmitteln zusammenhängende Tätigkeit ausführt

Anmerkung 1 zum Begriff: Lebensmittelunternehmen werden in Managementnormen mit dem Begriff Organisation bezeichnet.

[QUELLE: Verordnung (EG) Nr. 178/2002, modifiziert – Anmerkung 1 zum Begriff wurde hinzugefügt.]

Der Begriff des *Lebensmittelunternehmens* grenzt Unternehmen, die im Geltungsbereich des Lebensmittelrechts tätig sind, von anderen Unternehmen ab.

Die Formulierung *„gleichgültig, ob es auf Gewinnerzielung ausgerichtet ist oder nicht“* bestimmt, dass auch z. B. ehrenamtliche Tätigkeiten, wenn sie sich mit Produktion und Verarbeitung von Lebensmitteln beschäftigen, den gewerblichen Unternehmen gleichgestellt sind bzw. sein können, sobald bei der Tätigkeit eine gewisse Regelmäßigkeit und organisatorische Planung im Spiel ist. Gerade die Auslegung dieser Bestimmung sorgte seit der Veröffentlichung immer wieder für Diskussionen um die Ausgestaltung von Vereins- und Straßenfesten, die Verköstigung von Kindern in Einrichtungen, wenn Eltern kochen u. a. m.

Im deutschen Recht ist der private Haushalt schon immer aus dem Geltungsbereich des Lebensmittelrechts ausgeklammert worden. Auch jetzt gilt dies so, da die Verordnung (EG) Nr. 178/2002 nur darauf abhebt, dass die hergestellten Lebensmittel für andere bestimmt sind.

Auch der Vertrieb von Lebensmitteln zählt zu den unternehmerischen Tätigkeiten, auf die das Lebensmittelrecht angewendet wird. Hierzu zählen vor allem alle Vorgänge, die mit Lagerung, Verteilung, Transport und Verkauf (oder anderen Formen der Abgabe) von Lebensmitteln zu tun haben.

Nach der EU-Basisverordnung sind *Betriebe* Einheiten eines Lebensmittelunternehmens. Damit sind Betriebsstätten stets Teil des Lebensmittelunternehmens.

3.1.4

Lebensmittelunternehmer

natürliche oder juristische Personen, die dafür verantwortlich sind, dass die Anforderungen des Lebensmittelrechts in dem ihrer Kontrolle unterstehenden Lebensmittelunternehmen erfüllt werden

[QUELLE: Verordnung (EG) Nr. 178/2002]

Das europäische Lebensmittelrecht weist dem Lebensmittelunternehmer die primäre rechtliche Verantwortung für die Gewährleistung der Lebensmittelsicherheit zu. In großen Unternehmen kann es sein, dass die Verantwortung für den „Lebensmittelteil“ eines Unternehmens nicht identisch ist mit dem Gesamtverantwortlichen eines Unternehmens. Für die Bestimmung des Verantwortlichen ist daher die Formulierung *„in dem ihrer Kontrolle unterstehenden Lebensmittelunternehmen“* gewählt worden, um dies enger zu bestimmen.

Alle Anforderungen, die zu erfüllen sind, richten sich an den verantwortlichen Lebensmittelunternehmer[1]. Er kann zwar die Durchführung von Maßnahmen an andere Personen delegieren, auch die Kontrolle von Maßnahmen bestimmen, bleibt aber immer der letztlich Verantwortliche im Sinne des Lebensmittelrechts. Ihm obliegt die unternehmerische Sorgfaltspflicht in seinem Unternehmen, und er ist haftbar für Mängel, insbesondere, wenn nicht sichere Lebensmittel in Verkehr gebracht und an Endverbraucher abgegeben werden.

3.1.5

Futtermittel

Stoffe oder Erzeugnisse, auch Zusatzstoffe, verarbeitet, teilweise verarbeitet oder unverarbeitet, die zur oralen Tierfütterung bestimmt sind

[QUELLE: Verordnung (EG) Nr. 178/2002]

Die Aufnahme der Futtermittel in das Lebensmittelrecht begründet sich auch in der Tatsache, dass Inhaltsstoffe der Futtermittel über die Schlachttiere auch in die Lebensmittelkette eingebracht werden können. Insbesondere Rückstände von Arzneimitteln aus der Tierbehandlung, Umweltkontaminanten und Zusatzstoffe (z. B. Hormonpräparate, Antibiotika) können hier ein Problem darstellen.

3.1.6

Futtermittelunternehmen

Unternehmen, gleichgültig, ob es auf Gewinnerzielung ausgerichtet ist oder nicht und ob es öffentlich oder privat ist, das an der Erzeugung, Herstellung, Verarbeitung, Lagerung, Beförderung oder dem Vertrieb von Futtermitteln beteiligt ist, einschließlich Erzeuger, die Futtermittel zur Verfütterung in ihrem eigenen Betrieb erzeugen, verarbeiten oder lagern

[QUELLE: Verordnung (EG) Nr. 178/2002]

Die Definition bezieht im Gegensatz zum im Lebensmittelbereich ausgegrenzten Privathaushalt hier auch den Familienbetrieb mit ein.

1 In diesem Werk sind bei der Verwendung des generischen Maskulins durchweg alle Personen jedweden Geschlechts gemeint.

3.1.7

Futtermittelunternehmer

natürliche oder juristische Personen, die dafür verantwortlich sind, dass die Anforderungen des Lebensmittelrechts in dem ihrer Kontrolle unterstehenden Futtermittelunternehmen erfüllt werden

[QUELLE: Verordnung (EG) Nr. 178/2002]

Es gelten die gleichen Regeln wie bei Lebensmittelunternehmern.

3.1.8

Einzelhandel

Handhabung und/oder Be- oder Verarbeitung von Lebensmitteln und ihre Lagerung am Ort des Verkaufs oder der Abgabe an Endverbraucher

Anmerkung 1 zum Begriff: Hierzu gehören: Verladestellen, Verpflegungsvorgänge, Betriebskantinen, Großküchen, Restaurants und ähnliche Einrichtungen der Lebensmittelversorgung, Läden, Supermarkt-Vertriebszentren und Großhandelsverkaufsstellen.

[QUELLE: Verordnung (EG) Nr. 178/2002]

Im deutschen Lebensmittelrecht waren die Unternehmen der Gemeinschaftsverpflegung bis 2002 im LMBG den Endverbrauchern gleichgestellt. Mit der Überlagerung des nationalen alten LMBG durch die EU-Basisverordnung (EG) Nr. 178/2002 wurden diese Unternehmen neu dem Einzelhandel zugerechnet.

Außerdem sind alle Großhandelsunternehmen, die u. a. die Gastronomie mit Lebensmitteln versorgen, dem Bereich des Einzelhandels zugeschlagen worden.

Diese Begriffsbestimmung ist, mit den Erläuterungen in der Anmerkung, eine wichtige Voraussetzung für die Bestimmungen der Anwendungsbereiche und Adressaten in den Normen zum Lebensmittelhygienerecht. Sie bestimmt, dass in all diesen Unternehmen die rechtlichen Anforderungen der Hygieneverordnungen uneingeschränkt gelten und zu beachten sind.

3.1.9

Gemeinschaftsverpflegung

spezifische Form des Herstellens, Behandelns und Abgebens von Speisen und Getränken zur Verpflegung von Verbrauchergruppen in Einrichtungen unabhängig vom Zweck der Gewinnerzielung

Anmerkung 1 zum Begriff: Einrichtungen der Gemeinschaftsverpflegung sind z. B. Mensen, Kantinen, Cafeterien sowie Küchen und Speisenausgabestellen in Krankenhäusern, sozialen Einrichtungen, Rehabilitationseinrichtungen, Schulen, Kindertagesstätten, Kasernen und Justizvollzugsanstalten sowie Gaststätten und Restaurants, soweit diese Gemeinschaftsverpflegung im Sinne dieser Norm produzieren.

Anmerkung 2 zum Begriff: Der Gemeinschaftsverpflegung sind Catering, Partyservice und mobile Mahlzeitendienste (Essen auf Rädern) gleichgestellt.

Der Begriff *Gemeinschaftsverpflegung* (GV) wird häufig sowohl für den Verpflegungsvorgang als solchen als auch für die abzugebenden Speisen selbst wie auch für das Produktionssystem synonym benutzt. Daher ist es auch nicht verwunderlich, dass man sehr viele, leicht variierende Definitionen für den Begriff *Gemeinschaftsverpflegung* findet.

Für das Produktionssystem hat sich in den letzten Jahren auch der Begriff der *Systemgastronomie* etabliert. In der Literatur und im Internet sind auch Begriffe wie *Gemeinschaftsgastronomie* oder *Betriebsgastronomie* zu finden. Die *Betriebsgastronomie* ist in der Regel durch eine definierte Gruppe von Verpflegungsteilnehmern eines Betriebes gekennzeichnet, während die *Systemgastronomie* eher durch ein offenes Angebot an jedermann, z. B. in SB-Restaurants, in Raststätten und Kaufhäusern, charakterisiert werden kann.

In allen Fällen handelt es sich grundsätzlich um eine gleichgeartete Produktionsform von Speisen, mit der

- eine große Menge an Speisenkomponenten
- für eine Mahlzeit
- für eine große Zahl an Verpflegungsteilnehmern

hergestellt wird.

Ein weiteres Unterscheidungsmerkmal für Einrichtungen der GV basiert auf der differenzierten Betrachtung der zu verpflegenden Personen bezüglich ihrer Gesundheit, ihres Alters und ihrer Tätigkeit.

Danach kann man – wie auch in der Anmerkung 1 an der Reihenfolge erkennbar – die Gruppe der Kantinen, Mensen und Cafeterien zusammenfassen, die Personengruppen versorgen, die gesund sind bzw. deren körperliche Verfassung dem GV-Betreiber nicht bekannt ist.

In der zweiten Gruppe sind Küchen von/für Krankenhäuser und für soziale Einrichtungen wie Altenheime, Seniorenstifte, Reha-Einrichtungen, Kurkliniken/-heime, Kinderheime und Kindertagesstätten zu nennen, die kranke, alte oder sehr junge Menschen verpflegen.

Diese Personengruppen haben zum großen Teil aus ernährungsphysiologischer Sicht sowie aus Gründen der Lebensmittelsicherheit im Sinne des Artikel 14 Absatz 4c der Basisverordnung (EG) Nr. 178/2002 unterschiedliche Ansprüche an die Verpflegung, die bei der Herstellung und Abgabe von Speisen in besonderem Maße zu berücksichtigen sind. Das Bundesinstitut für Risikobewertung (BfR) hat hierzu mit dem Merkblatt „Sicher verpflegt“ eine gute Grundlage geschaffen, die Verpflegung von empfindlichen Personengruppen zu bewerten und bei der GV entsprechend zu berücksichtigen.

In Kasernen der Bundeswehr und der Polizei wie auch in Justizvollzugsanstalten wiederum werden exakt begrenzte Personengruppen verpflegt, die sich aufgrund der besonderen Umstände nicht anderweitig verpflegen können, ansonsten aber wie in einer Betriebskantine versorgt werden.

Bundeswehr, Technisches Hilfswerk, Rotes Kreuz und die anderen Hilfsorganisationen stellen Gemeinschaftsverpflegung auch aus mobilen Einrichtungen (Feldküchen), z. B. bei Manövern/Übungen, Großveranstaltungen sowie in Katastrophenfällen, bereit.

Bei großen Volksfesten und anderen Open-Air-Veranstaltungen sowie Messen usw. wird oftmals auch Gemeinschaftsverpflegung in Zelten und aus mobilen Küchen und Verpflegungsfahrzeugen abgegeben.

In den Normen wird der Begriff der *Gemeinschaftsverpflegung* zusammenfassend auch für die Charakterisierung des Verpflegungsvorgangs verwendet. Ein weiteres Synonym dafür ist der englische Begriff des *Catering*, wobei auch dieser Begriff sowohl für den Vorgang der Verpflegungsleistung als auch für die Bezeichnung der Betriebsform benutzt wird.

Auch *Catering* und *Partyservice* (entweder aus speziellen Unternehmen oder Zweitgeschäften aus der Gastronomie, dem Handwerk oder GV-Betrieben) bezeichnen Verpflegungsvorgänge, die eine Produktion von Speisen in einer bestellten Menge einer oder mehrerer Speisen/Menükomponenten nach gleicher Rezeptur für eine bestimmte Gruppe von Verpflegungsteilnehmern zeitgleich herstellen und zur Abgabe an einen anderen Ort ausliefern (lassen).

Auch die regelmäßige Belieferung von Großküchen oder anderen Lebensmittelunternehmen an private Haushalte mit Speisen (mobile Mahlzeitendienste), wie z. B. im sozialen Dienst „Essen auf Rädern", muss Kriterien der Speisenversorgung im GV-Bereich erfüllen.

Das À-la-carte-Geschäft in Restaurants und Gaststätten wurde aus dem GV-Bereich deshalb ausgegrenzt, weil es zu viele Varianten auch kleinster Betriebsstätten gibt, die mit der Einhaltung aller Vorgaben der Norm für die GV-Großküchen überfordert wären und die individuelle Herstellung und Einzelportionierung nach Kundenbestellung nicht zur GV-Definition passen.

Außerdem werden die Verpflegungsvorgänge der sonstigen „Außer-Haus-Verpflegung" über Imbissbuden, Schnellrestaurants, Pizzadienst etc. in der Normenreihe DIN 10500 ff. regelmäßig vom Geltungsbereich ausgegrenzt.

3.1.10

Lebensmittelhygiene

Hygiene

Maßnahmen und Vorkehrungen, die notwendig sind, um Gefahren unter Kontrolle zu bringen und zu gewährleisten, dass ein Lebensmittel unter Berücksichtigung seines Verwendungszwecks für den menschlichen Verzehr tauglich ist

Anmerkung 1 zum Begriff: Maßnahmen zur Sicherstellung der Lebensmittelhygiene umfassen unter anderem:

a) Produkthygiene:

   1) Auswahl geeigneter Rohstoffe;

   2) Einhaltung geeigneter Lagerbedingungen, z. B. durch adäquate Temperatur-Zeit-Relationen;

   3) Vermeidung und Verhinderung von nachteiliger Beeinflussung;

b) Produktionshygiene:

   1) geeignete Prozessabläufe, z. B. durch adäquate Temperatur-Zeit-Relationen;

2) geeignete Räume;

3) geeignete Ausrüstung;

c) Personalhygiene:

1) saubere Arbeitsbekleidung;

2) Maßnahmen, wie z. B. Händehygiene;

3) Schulung und Unterweisung;

d) HACCP-Konzept.

Anmerkung 2 zum Begriff: Der Begriff „Lebensmittelhygiene" wird im folgenden „Hygiene" genannt.

Anmerkung 3 zum Begriff: Die Vorkehrungen für die Stufen der Herstellung, der Behandlung und des Inverkehrbringens können Maßnahmen für die Vorstufen und die Primärproduktion auslösen.

[QUELLE: Verordnung (EG) Nr. 852/2004, modifiziert – Anmerkung 1 zum Begriff bis Anmerkung 3 zum Begriff wurden hinzugefügt.]

Nach der rechtlichen Definition der Verordnung (EG) Nr. 852/2004 richten sich alle Maßnahmen und Vorkehrungen danach aus, dem Zweck dienlich zu sein. Dieser Zweck ist die Gewährleistung der Lebensmittelsicherheit und Verzehrstauglichkeit von Lebensmitteln für den Menschen und soll daher auch in der Normungsarbeit zur Lebensmittelhygiene an erster Stelle berücksichtigt werden.

Die Anmerkungen 1 und 2 wurden in der Normung der Definition zugestellt, um den Umfang und Geltungsbereich der Lebensmittelhygiene zu erläutern.

In der Normenreihe DIN 10500 ff. findet man mehrere DIN-Normen, die Einzelaspekte der Strichaufzählung der Anmerkung 1 speziell betrachten, oder auch Normen, die komplexe Vorgänge beschreiben und Anforderungen bestimmen.

3.1.11

Primärerzeugnisse

Erzeugnisse aus primärer Produktion einschließlich Anbauerzeugnissen, Erzeugnissen aus der Tierhaltung, Jagderzeugnissen und Fischereierzeugnissen

[QUELLE: Verordnung (EG) Nr. 852/2004]

Die Gewinnung von Primärerzeugnissen wie Ernte, Melken, Schlachtung, Fischfang und Jagd ist in der Verordnung (EG) Nr. 852/2004 mit eigenen Hygieneanforderungen für die Primärproduktion im Anhang I gesondert geregelt worden. Die so gewonnenen Primärerzeugnisse, für die damit auch schon vor deren Gewinnung wichtige Vorgaben des Lebensmittelrechts gelten, sind der eigentliche Startpunkt der Lebensmittelkette (sieht man von Anhang I, z. B. der Fütterung ab, siehe oben) und sind daher für den Eintrag von Mikroorganismen, Rückständen und Kontaminanten von besonderer Bedeutung.

Beispiele für die Zuordnung zu den Primärerzeugnissen:

- Die beim Melken gewonnene Rohmilch ist ein Primärerzeugnis. Konsummilch, Milcherzeugnisse und Käse sind es nicht mehr.
- Eier, da diese bis zum Verbraucher so nicht weiterverarbeitet werden. Mit dem Kochen oder Aufschlagen endet dann die Eingruppierung als Primärerzeugnis.
- Lebende Fische sind nach dem Fangen auf offenem Meer einschließlich Schlachten, Entbluten, Köpfen, Ausnehmen, Entfernen von Flossen, Kühlung und Tiefkühlung an Bord bis hin zur Anlandung im Hafen Primärerzeugnisse. Fische aus Aquakulturen und an Land geschlachtete und weiter verarbeitete Tiere sind nach Auffassung der EU-Kommission keine Primärerzeugnisse mehr.
- Lebende Muscheln sind nur von der Ernte bis zur weiteren Verarbeitung (Reinigung, Waschen, Sortieren, Verpacken) an Land Primärerzeugnisse. Für Fische und Muscheln gelten darüber hinaus besondere Bestimmungen der Verordnung (EG) Nr. 853/2004.
- Schlachttiere sind, dieser Logik der EU-Kommission folgend, Primärerzeugnisse. Die geschlachteten Tierkörper zählen nicht mehr dazu.
- Wild zählt zu den Primärerzeugnissen, wenn es gejagt und bis auf das Ausnehmen nicht weiter behandelt wurde. Bei Gatterwild gilt das nur für lebende Tiere bis zur Schlachtung.
- Obst und Gemüse sind Primärerzeugnisse, die als solche gehandelt werden. Durch Verarbeitungsvorgänge wie Vorzerkleinern fallen sie aus der Regelung raus.

Diese Abgrenzungen sind wichtig, da sich hieraus unterschiedliche Hygieneanforderungen für die Primärerzeugnisse einerseits sowie die weiteren unverarbeiteten oder verarbeiteten Erzeugnisse andererseits (siehe Abschnitt 3.1.15 ff.) ergeben.

3.1.12

leicht verderbliches Lebensmittel

Lebensmittel, das in mikrobiologischer Hinsicht in kurzer Zeit leicht verderblich ist und dessen Verkehrsfähigkeit nur bei Einhaltung bestimmter Temperaturen oder sonstiger Bedingungen erhalten werden kann

Anmerkung 1 zum Begriff: Bei vorverpackten, leicht verderblichen Lebensmitteln wird stets ein Mindesthaltbarkeitsdatum angegeben.

[QUELLE: LMHV, modifiziert – Anmerkung 1 zum Begriff wurde hinzugefügt.]

Die Definition der Gruppe der *leicht verderblichen Lebensmittel* ergibt sich aus § 2 (1) Buchstabe 2 der Lebensmittelhygiene-Verordnung (LMHV) und wurde so auch normativ festgelegt.

Lebensmittel sind dann leicht verderblich, wenn sie aufgrund:

- ihrer Zusammensetzung (wie hoher Eiweiß-, Zucker- und/oder Fettgehalt) **und**
- ihrer Beschaffenheit (insbesondere hoher Wassergehalt und pH-Wert zwischen 6 und 7)
- ohne ausreichende Kühlung
- in kurzer Zeit eine starke Vermehrung von Krankheits- oder Verderbniserregern ermöglichen. Diese können natürlich, durch die Erzeugung, den Schlachtvorgang oder die weitere Behandlung auf der Oberfläche oder auch im Inneren des Lebensmittels als Grundkontamination vorhanden sein.

Die Begriffsbestimmung legt für die Eingruppierung in die Gruppe der *leicht verderblichen Lebensmittel* zunächst eine bestimmte Beschaffenheit der Lebensmittel fest. Daraus leitet sich die Kühlbedürftigkeit ab, weil (und das ist das Ergebnis der Gefahrenanalyse!) sich in den Lebensmitteln sonst natürlich vorkommende oder als Kontaminante anwesende Keime stark vermehren können. Im Gegensatz zu den *sehr leicht verderblichen Lebensmitteln* (siehe Abschnitt 3.1.13) wird bereits die starke Keimvermehrung als ausreichendes Kriterium genannt, es muss nicht eine spezielle gesundheitliche Gefahr für den Verbraucher vorliegen.

Zu dieser Gruppe von Lebensmitteln gehören daher insbesondere alle rohen Erzeugnisse tierischer Herkunft wie Fleisch, Fisch, Meeresfrüchte und Geflügel (soweit sie nicht als *sehr leicht verderblich* eingruppiert wurden) sowie daraus hergestellte Erzeugnisse wie z. B. Wurst, Feinkostsalate und Molkereiprodukte wie Sahne und Konsummilch. Auch Konditoreiwaren, die z. B. mit Sahne hergestellt werden, sind kühlbedürftig, weil diese kühlbedürftigen Bestandteile leicht verderben können.

Für die Gruppe der *leicht verderblichen Lebensmittel* hat der Inverkehrbringer für vorverpackte Lebensmittel gemäß der Verordnung (EU) Nr. 1169/2011 des Europäischen Parlaments und des Rates vom 25. Oktober 2011 betreffend die Information der Verbraucher über Lebensmittel (LMIV) nach § 9 ein Mindesthaltbarkeitsdatum (MHD) und eine dazugehörige Lagertemperatur zu bestimmen und entsprechend zu kennzeichnen. Soweit die Temperaturangabe für die Lagerung des Produktes von den o. a. Empfehlungen der Experten in der DIN 10508 abweicht, ist die Kennzeichnung des Herstellers vorrangig zu beachten.

Bei Erreichen des Datums der Mindesthaltbarkeit entscheidet der Besitzer des leicht verderblichen Lebensmittels und damit möglicher weiterer Inverkehrbringer, wie weiter mit dem Lebensmittel umzugehen ist. Es ist zu prüfen, ob es noch sicher und genusstauglich ist. Es ist dabei auch zu unterscheiden, ob ein Lebensmittel verarbeitet oder unmittelbar an Endverbraucher abgegeben werden soll. Da der Keimgehalt im Lebensmittel nicht sensorisch erkennbar ist, ist diese Entscheidung schwierig und bedarf einer sorgfältigen Abwägung im Einzelfall.

Ein Verkauf von leicht verderblichen Lebensmitteln mit abgelaufenem MHD wäre bei ausreichender Kenntlichmachung zum Zeitpunkt der Bestellung zwar theoretisch möglich, ist praktisch aber unrealistisch. Der Versandhändler müsste die Haftung für die einwandfreie Beschaffenheit und Lebensmittelsicherheit sowie eine angemessene, allgemein noch zu erwartende Verwendungszeit beim Endverbraucher selbst übernehmen, kann diese aber nicht am Tag der Zustellung selbst pflichtgemäß prüfen.

Auch ein Versand von leicht verderblichen Lebensmitteln, deren MHD schon in kürzester Zeit ablaufen wird, muss bei der Bestellung kenntlich gemacht werden, da die üblicherweise zu erwartende Verwendungszeit, z. B. weitere Lagerung im Haushalt bis zum Verbrauch, nicht gewährleistet wäre. Daher ist auch diese Möglichkeit in der Praxis des Onlinehandels nur sehr schwer zu realisieren.

Beim Festlegen des MHD, als Ergebnis von Gefahrenanalyse und Risikobewertung, kann das Unternehmen dabei nicht von der Annahme ausgehen, dass das Produkt mit Ablauf des MHD nicht mehr verzehrt werden wird. Im Gegenteil: Bei der Risikobewertung muss der *intended use*, also das unter vernünftigen Bedingungen anzunehmende Verbraucherverhalten, mit einkalkuliert werden. In einer Zeit, in der die Bemühungen in die Richtung gehen, Lebensmittelverschwendung möglichst zu reduzieren und den Verbraucher dahingehend zu informieren, dass er ein Lebensmittel eben nicht mit Ablauf vom MHD automatisch entsorgen muss, sondern es nach grobsinnlicher Prüfung und nicht festgestellter Abweichung weiterhin konsumiert kann, wird das zunehmend wichtig. Das heißt, die Festlegung des MHD muss diesen Zeitraum, innerhalb dessen der Verbraucher das Lebensmittel nach MHD-Ablauf trotzdem noch konsumieren wird, in der Risikobetrachtung mit berücksichtigen. Das Lebensmittel muss auch zu diesem Zeitpunkt (nicht nur zum MHD-Ablauf) noch sicher sein.

3.1.13

sehr leicht verderbliches Lebensmittel

Lebensmittel, das in mikrobiologischer Hinsicht sehr leicht verderblich ist und nach kurzer Zeit eine unmittelbare Gefahr für die menschliche Gesundheit darstellen kann

Anmerkung 1 zum Begriff: Art. 24 Absatz 1 der VO (EU) Nr. 1169/2011 sieht für vorverpackte sehr leicht verderbliche Lebensmittel vor, dass das Mindesthaltbarkeitsdatum durch das Verbrauchsdatum zu ersetzen ist. Nach Ablauf des Verbrauchsdatums gilt ein Lebensmittel als nicht sicher im Sinne von Artikel 14 Absätze 2 bis 5 der Verordnung (EG) Nr. 178/2002.

Anmerkung 2 zum Begriff: Die Lebensmittelsicherheit und Verkehrsfähigkeit kann nur bei Einhaltung bestimmter, risikoorientiert festgelegter Lagertemperaturen sichergestellt werden. Darüber hinaus können auch weitere Bedingungen Berücksichtigung finden.

[QUELLE: Verordnung (EU) 1169/2011, modifiziert – Anmerkung 1 zum Begriff und Anmerkung 2 zum Begriff wurden hinzugefügt.]

Im Gegensatz zu *den leicht verderblichen Lebensmitteln* orientiert sich die Eingruppierung von *sehr leicht verderblichen Lebensmitteln* zusätzlich an der größer eingeschätzten mikrobiologischen Gefahr für die menschliche Gesundheit, was durch die Formulierung *„nach kurzer Zeit eine unmittelbare Gefahr für die menschliche Gesundheit darstellen“* zum Ausdruck kommt.

Es gibt aber keine rechtliche Abgrenzung zwischen den beiden Lebensmittelgruppen. Daher obliegt es allein dem verantwortlichen Lebensmittelunternehmer, auf der Basis seiner Gefahrenanalyse und Risikobewertung die Eingruppierung vorzunehmen.

Das kann im Ergebnis aber zu Konflikten führen, insbesondere dann, wenn die Gefahr einer gesundheitlichen Beeinträchtigung von Menschen tatsächlich eingetreten ist.

Das Problem liegt hier insbesondere in dem unbestimmten Rechtsbegriff „*nach kurzer Zeit*". Was ist „nach kurzer Zeit"? Kann ein Lebensmittel, das eine Haltbarkeit von voraussichtlich ca. 14 Tagen hat, eigentlich unter den Begriff des kurzzeitlichen Verderbs fallen?

Ja, das kann es.

14 Tage sind zwar keine kurze Zeit. Aber es gibt Lebensmittel, die voraussehbar bis zum Tag 14 noch kalkulierbar sicher sind, danach aber sehr schnell sehr gefährlich werden können, insbesondere im Hinblick auf die Gefahr durch *Listeria monocytogenes*. Das hängt mit den Wachstumscharakteristika dieses Bakteriums zusammen.

Auch ein Produkt, das eine Haltbarkeit von 18 Tagen ausweist und mit einer Schutzgasatmosphäre verpackt ist, kann sehr schnell verderben, wenn der Verbraucher die Verpackung irgendwann öffnet und das Schutzgas entweicht.

Das BfR veröffentlicht als Anhalt regelmäßig solche Einschätzungen zu einzelnen Lebensmitteln und zu den Gefahren, die aus Kontaminationen mit speziellen Keimen zu erwarten sind. Aufgrund der wissenschaftlichen Expertise und der davon abgeleiteten, immer wieder aktualisierten Meinungen der Sachverständigen kommt es zu fließenden Abgrenzungen, ob ein bestimmtes Lebensmittel ggf. in einer bestimmten Angebotsform schon sehr leicht verderblich ist.

Als Beispiel kann hier eine Brühwurst und der daraus hergestellte, vorverpackte Aufschnitt genannt werden. Brühwurst ist ein kühlbedürftiges Fleischerzeugnis. Aufgeschnitten ist die Wurst nicht nur leicht verderblich, da sie bei der weiteren Verarbeitung rekontaminiert sein könnte. Im vorverpackten Aufschnitt kann durch eine mögliche Kontamination mit *Listeria monocytogenes* aber insbesondere gegen Ende des MHD eine gesundheitliche Gefahr entstehen, die eine Eingruppierung zu den sehr leicht verderblichen Lebensmitteln begründet.

Das in der Verordnung (EU) Nr. 1169/2011 geforderte Verbrauchsdatum (VD) (siehe Abschnitt 3.1.23) ist ebenfalls im Ermessen des verantwortlichen Lebensmittelunternehmers festzulegen. Nicht nur bei der Entscheidung, ob MHD oder VD, sondern auch beim Festsetzen des VD, müssen die o. g. Aspekte zur Risikobewertung unbedingt berücksichtigt werden. In jedem Fall muss das Lebensmittel beim endgültigen Verzehr sicher sein.

3.1.14

genusstaugliches Lebensmittel

unter Hygienegesichtspunkten zum Verzehr geeignetes Lebensmittel

Der Begriff der *Genusstauglichkeit* ist weiter gefasst als der enge Begriff des mikrobiologisch sicheren Lebensmittels. *Genusstauglich* bedeutet zunächst, dass es Verbraucher grundsätzlich essen können.

Für die Genussuntauglichkeit von sicheren Lebensmitteln sind daher andere Kriterien mit zu berücksichtigen.

Beispiele für Genussuntauglichkeit sind nicht unmittelbar gesundheitsgefährdende, i. d. R. chemische Kontaminationen, aber auch besondere Umstände wie Verunreinigungen durch Tiere oder Schädlingsbefall im Betrieb oder im Lebensmittel oder andere unhygienische Herstellungsbedingungen („wenn der Verbraucher das wüsste, würde er das Produkt nicht mehr essen ...“), die ekelerregend für den Verbraucher sind.

Dazu kommen Aspekte, die die qualitativen Eigenschaften eines Lebensmittels negativ beeinflussen, aber einen Verzehr eines Lebensmittels bezüglich einer gesundheitlichen Beeinträchtigung der Verbraucher noch zuließen. Dazu gehört z. B. Ranzigkeit von Fetten und Ölen, Verfärbungen oder Texturveränderung, durch die ein Lebensmittel zwar noch verzehrfähig wäre, aber nicht mehr genusstauglich ist.

3.1.15

Erzeugnisse tierischen Ursprungs

Lebensmittel tierischen Ursprungs, einschließlich Honig und Blut, zum menschlichen Verzehr bestimmte lebende Muscheln, lebende Stachelhäuter, lebende Manteltiere und lebende Meeresschnecken sowie sonstige Tiere, die lebend an den Endverbraucher geliefert werden und zu diesem Zweck entsprechend vorbereitet werden sollen

Anmerkung 1 zum Begriff: Darunter fallen auch Gliedertiere oder Erzeugnisse daraus, siehe Arbeitspapier der Länderarbeitsgemeinschaft für Fleisch- und Geflügelfleischhygiene und fachspezifische Fragen von Lebensmitteln tierischer Herkunft (AFFL) zum Inverkehrbringen von Insekten und daraus hergestellten Produkten als Lebensmittel.

[QUELLE: Verordnung (EG) Nr. 853/2004, modifiziert – Anmerkung 1 zum Begriff wurde hinzugefügt.]

Der Begriff umschreibt alles, was als Lebensmittel dienen soll und vom Tier stammt. Zur unterschiedlichen Einordnung von Primärerzeugnissen und Erzeugnissen tierischen Ursprungs gibt es orientierende Rechtsinterpretationen (siehe Abschnitt 3.1.11). Der Begriff der *Erzeugnisse tierischen Ursprungs* ist enger gefasst als der Begriff der *Primärerzeugnisse* an sich (siehe Abschnitt 3.1.11), da er sich ausschließlich auf Lebensmittel tierischen Ursprungs und den auch darunter subsumierten Tieren bezieht. Pflanzliche Primärerzeugnisse sind nicht erfasst.

Von jeher zählt man z. B. die in der Begriffsbestimmung angegebenen lebenden Muscheln zu den Erzeugnissen tierischen Ursprungs, obwohl sie – frisch geerntet und noch nicht gewaschen und versandfertig gemacht – ein Primärerzeugnis sind, so aber nicht in den Handel gelangen.

Neuerdings werden zu den Erzeugnissen tierischen Ursprungs auch solche von Lebewesen gezählt, die im europäischen Lebensmittelrecht bislang nicht mitgezählt wurden. Mit der Erläuterung in Anmerkung 1 wird daher ergänzt, dass z. B. Insekten und deren Larvenstadien (Heuschrecken, Grillen oder Mehlwürmer etc.) und Produkte daraus (*Novel food*) zu den Lebensmitteln zählen können, wenn dies in der Zweckbestimmung zum Ausdruck gebracht und durch den Gesetzgeber anerkannt wird.

Bei der Schlachtung von unseren Nutztieren werden grundsätzlich Erzeugnisse tierischen Ursprungs gewonnen. Dazu ergänzend dient der Begriff der unverarbeiteten Erzeugnisse (siehe Abschnitt 3.1.17) zur weiteren Abgrenzung.

Von dem Begriff abgetrennt sind alle Produkte, die aus Erzeugnissen hergestellt werden (siehe Abschnitt 3.1.18).

3.1.16

Verarbeitung

wesentliche Veränderung des ursprünglichen Erzeugnisses, beispielsweise durch Erhitzen, Räuchern, Pökeln, Reifen, Trocknen, Marinieren, Extrahieren, Extrudieren oder durch eine Kombination dieser verschiedenen Verfahren

[QUELLE: Verordnung (EG) Nr. 852/2004]

Die Begriffsbestimmung beinhaltet die heute gebräuchlichsten Verarbeitungsarten von ursprünglichen Erzeugnissen zu Lebensmitteln, bei denen die bestimmenden Eigenschaften (z. B. Aussehen, Textur, Haltbarkeit) eines ursprünglichen Erzeugnisses verändert werden. Es ist aber eine nicht abschließende Aufzählung, um künftige Verarbeitungsarten zu ermöglichen.

Mit jeder Verarbeitung verlässt ein Primärerzeugnis den Geltungsbereich der Primärproduktion und wechselt damit in den Geltungsbereich der Lebensmittelproduktion mit den Anforderungen der Anlage II der Verordnung (EG) Nr. 852/2004.

3.1.17

unverarbeitete Erzeugnisse

Lebensmittel, die keiner Verarbeitung unterzogen wurden, einschließlich Erzeugnisse, die geteilt, ausgelöst, getrennt, in Scheiben geschnitten, ausgebeint, fein zerkleinert, enthäutet, gemahlen, geschnitten, gesäubert, garniert, enthülst, geschliffen, gekühlt, gefroren, tiefgefroren oder aufgetaut wurden

[QUELLE: Verordnung (EG) Nr. 852/2004]

Im Umkehrschluss sind alle Tätigkeiten, die hier in der Begriffsbestimmung aufgezählt sind, keine Verarbeitung (siehe Abschnitt 3.1.16). Wichtig ist dabei, dass die Vorgänge sich auf die Erzeugnisse selbst beziehen. Wenn z. B. Getreide gemahlen wird, ist es noch nicht verarbeitet. Wenn dem Mehl aber andere Zutaten zugemengt werden oder Bestandteile abgetrennt werden vor der Abfüllung, dann erfolgt eine Verarbeitung. Das grob gewürfelte Fleisch für ein Gulasch in der Metzgereitheke gehört noch zum *frischen Fleisch*, da es nur ausgebeint und geschnitten wurde. Wird das Fleisch anschließend gewürzt, ist es ein Verarbeitungserzeugnis.

Neben dem frischen Fleisch zählen auch die sogenannten Schlachtnebenprodukte wie Innereien zu den unverarbeiteten Erzeugnissen tierischen Ursprungs. Bei Fischen gibt es besondere Abgrenzungen (siehe Abschnitt 3.1.11). Wird das Primärerzeugnis gejagtes Wild aus der Decke geschlagen (enthäutet), wird es zu einem unverarbeiteten Erzeugnis. Frische Hühnereier sind unverarbeitete Erzeugnisse.

3.1.18

Verarbeitungserzeugnisse

Lebensmittel, die aus der Verarbeitung unverarbeiteter Erzeugnisse hervorgegangen sind; diese Erzeugnisse können Zutaten enthalten, die zu ihrer Herstellung oder zur Verleihung besonderer Merkmale erforderlich sind

[QUELLE: Verordnung (EG) Nr. 852/2004]

Aus den Begriffsbestimmungen Abschnitt 3.1.15 bis Abschnitt 3.1.17 ergibt sich zwangsläufig, was alles unter den Begriff eines *Verarbeitungserzeugnisses* fällt.

So sind z. B. alle Produkte, die man aus Milch oder Eiern herstellt, Verarbeitungserzeugnisse. Auch die Herstellung von Erzeugnissen aus einer Mischung von Erzeugnissen tierischen Ursprungs und pflanzlicher Herkunft führt im Ergebnis zu einem Verarbeitungserzeugnis.

So wird aus dem Primärerzeugnis Rohmilch ein Erzeugnis tierischen Ursprungs Joghurt und aus dem Joghurt mit Obstzusatz ein Verarbeitungserzeugnis Fruchtjoghurt.

3.1.19

Herstellen

Gewinnen, einschließlich des Schlachtens oder Erlegens lebender Tiere, deren Fleisch als Lebensmittel zu dienen bestimmt ist, das Herstellen, das Zubereiten, das Be- und Verarbeiten und das Mischen

[QUELLE: LFGB]

Die Begriffsbestimmungen Abschnitt 3.1.19 und Abschnitt 3.1.20 umschreiben den Unterschied zwischen einzelnen Tätigkeiten, die verschiedenen Tätigkeiten und Bestimmungen im Lebensmittelrecht zuzuordnen sind.

Das Herstellen umfasst alle Arbeitsschritte, die unmittelbar das Lebensmittel selbst betreffen.

3.1.20

Behandeln

Wiegen, Messen, Um- und Abfüllen, Stempeln, Bedrucken, Verpacken, Kühlen, Gefrieren, Tiefgefrieren, Auftauen, Lagern, Aufbewahren, Befördern sowie jede sonstige Tätigkeit, die nicht als Herstellen oder Inverkehrbringen anzusehen ist

[QUELLE: LFGB]

Das Behandeln umfasst alle Arbeitsschritte, bei denen mit einem Lebensmittel umgegangen wird. Das bedeutet, das Lebensmittel selbst wird nicht über die hier aufgelisteten Tätigkeiten hinaus be- oder verarbeitet, und es wird nichts hergestellt.

Als zusätzlicher Aspekt ist auch das Inverkehrbringen in diese Begriffsbestimmung mit aufgenommen worden.

3.1.21

Kommissionieren

Zusammenstellen von bestimmten Teilmengen aus einer bereitgestellten Gesamtmenge nach vorgegebenen Bedarfsinformationen

Anmerkung 1 zum Begriff: Dies kann das Portionieren eines Erzeugnisses oder auch das Zusammenstellen verschiedener Waren für einen Kundenauftrag sein.

[QUELLE: DIN 15185-2:2013-10, 3.7, modifiziert – Anmerkung 1 zum Begriff wurde hinzugefügt.]

Der Begriff ist für alle Vorgänge im Handel gebräuchlich, bei denen ein Verkäufer eine bestellte Menge einer Ware oder mehrere Produkte für die Auslieferung an den Besteller bereit- bzw. zusammenstellt. Im Bereich der Lebensmittelhygiene ist das nicht anders, nur dass hierbei besondere hygienische Anforderungen an den Umgang mit Lebensmitteln auch während der Bereitstellung strikt zu beachten sind. Dazu gehören die Temperaturanforderungen, der Schutz vor nachteiliger Beeinträchtigung (untereinander und durch Umwelteinflüsse) und die Beachtung der hygienischen Anforderungen an den Umgang mit den Lebensmitteln selbst.

3.1.22

Inverkehrbringen

Bereithalten von Lebensmitteln oder Futtermitteln für Verkaufszwecke einschließlich des Anbietens zum Verkauf oder jeder anderen Form der Weitergabe, gleichgültig, ob unentgeltlich oder nicht, sowie den Verkauf, den Vertrieb oder andere Formen der Weitergabe selbst

Anmerkung 1 zum Begriff: Für Futtermittel, die zur oralen Tierfütterung von nicht der Lebensmittelgewinnung dienenden Tieren bestimmt sind, kosmetische Mittel, Bedarfsgegenstände und mit Lebensmitteln verwechselbare Produkte gilt Artikel 3 Nr. 8 der Verordnung (EG) Nr. 178/2002 entsprechend.

[QUELLE: Verordnung (EG) Nr. 178/2002, modifiziert – Anmerkung 1 zum Begriff wurde hinzugefügt]

Das Inverkehrbringen ist ein Vorgang, der für den Geltungsbereich von lebensmittelrechtlichen Bestimmungen wesentliche Bedeutung hat. Wenn ein Produkt hergestellt wird, muss dessen Zweckbestimmung festgelegt werden. So kann eine Wurst für den menschlichen Verzehr bestimmt sein oder Tierfutter werden. Ist der Zweck „Lebensmittel“ festgelegt, so ist das Lebensmittel auch schon vor der Abgabe als solches zu behandeln. Daher zählt bereits das Anbieten zum Inverkehrbringen. Die Form der Abgabe/Weitergabe wie verkauft, verschenkt, überlassen o. Ä. ist dabei unmaßgeblich.

Im Umkehrschluss sind Produkte, die noch nicht fertig sind, noch nicht in Verkehr gebracht. Das Fleischkäsebrät, welches noch abgebacken werden muss, ist nicht in Verkehr gebracht. Wenn das Brät aber in Formen abgefüllt wird, um es als Brühwursthalbfabrikat an den Verbraucher zum Selbstbacken abzugeben, wird es zum Verkauf angeboten, es ist also in Verkehr gebracht.

Für alle leicht verderblichen Lebensmittel bedeutet das, dass diese bereits bei der Lagerung und Bereitstellung zum Verkauf entsprechend zu kühlen sind. Die vorgeschriebene Kennzeichnung und im Falle der vorverpackten Lebensmittel auch die Festlegung des Mindesthaltbarkeitsdatums (MHD) oder Verzehrdatums (VD) muss aber erst beim Inverkehrbringen angebracht sein.

3.1.23
Verbrauchsdatum

Zeitpunkt, bis zu dem ein Lebensmittel zu verbrauchen ist und nach dessen Ablauf das Lebensmittel nicht mehr in den Verkehr gebracht werden darf und als nicht mehr sicher gilt

Anmerkung 1 zum Begriff: Das Verbrauchsdatum ist für vorverpackte, sehr leicht verderbliche Lebensmittel (gemäß Artikel 24 Verordnung (EU) Nr. 1169/2011) anzugeben.

Das Verbrauchsdatum ist der Endpunkt einer möglichen Verbrauchsfrist, für die der Lebensmittelunternehmer mit der Festlegung die Zusicherung gemacht hat, dass das Lebensmittel bei Einhaltung der in Verbindung mit der Angabe bestimmten Kühlung bis zum Endpunkt sicher ist.

Das Verbrauchsdatum ergibt sich aus der mikrobiologischen Gefahrenanalyse und Risikobewertung sehr leicht verderblicher Lebensmittel und der gesundheitlichen Unbedenklichkeit beim Verzehr. Mit Ablauf der Frist ist das Lebensmittel daher als nicht mehr sicher im Sinne der EU-Basisverordnung (EG) Nr. 178/2002 Artikel 14 anzusehen und muss unschädlich beseitigt werden.

Es ist keine Prüfung zur weiteren Verwendung oder Abgabe des Lebensmittels, auch nicht als Geschenk, Spende o. Ä. mehr möglich.

3.1.24

Mindesthaltbarkeitsdatum

Datum, welches der Lebensmittelhersteller festlegt und bis zu dem er garantiert, dass dieses Lebensmittel bei richtiger Aufbewahrung seine spezifischen Eigenschaften behält

Anmerkung 1 zum Begriff: Das Mindesthaltbarkeitsdatum ist weder ein Verbrauchsdatum im Sinne der Lebensmittelinformationsverordnung noch ein „Verfallsdatum".

Anmerkung 2 zum Begriff: Die spezifischen Eigenschaften eines Lebensmittels werden durch seinen Wert, d. h. durch seinen Nähr- und Genusswert, seine Brauchbarkeit, seine Zweckbestimmung und seine sonstige Beschaffenheit bestimmt.

[QUELLE: Verordnung (EU) Nr. 1169/2011, modifiziert – Der Text „welches der Lebensmittelhersteller festlegt und bis zu dem er garantiert" wurde eingefügt, Anmerkung 1 zum Begriff und Anmerkung 2 zum Begriff wurden hinzugefügt.]

Das MHD hat der Lebensmittelunternehmer selbst zu bestimmen.

Dazu muss er durch eine Gefahrenanalyse und Risikobewertung sowie Untersuchungen zur Lagerfähigkeit seines Produktes die Zeit bestimmen, in der das Lebensmittel seine spezifischen Eigenschaften behält.

Das MHD beinhaltet keine Aussagen zur gesundheitlichen Unbedenklichkeit wie das Verbrauchsdatum, weshalb mit Erreichen des Datums geprüft werden kann, ob und wie das Lebensmittel weiterverwendet oder abgegeben werden kann. Es ist ausdrücklich kein „Verfallsdatum".

Zur Vermeidung von unnötigen Abfallmengen an Lebensmitteln und der zu vermeidenden Lebensmittelverschwendung ist eine sensorische Prüfung zur weiteren Verwendung möglich.

Beim Verkauf oder einer sonstigen Abgabe an Endverbraucher muss der Verkäufer aber darauf aufmerksam machen, dass es sich um ein Produkt mit abgelaufenem MHD handelt, und damit die spezifischen Eigenschaften des Produktes ggf. nicht mehr so wie bei frischen Produkten zu erwarten sein müssen. Im Einzelhandel ist es daher üblich, die Lebensmittel mit der Deklaration *„mit verminderter Haltbarkeit“* bereits vor dem Erreichen des MHD als Sonderposten zu verkaufen.

3.1.25

Kontaminante

Stoff, der dem Lebensmittel nicht absichtlich hinzugefügt wird, jedoch als Rückstand der Gewinnung – einschließlich der Behandlungsmethoden in Ackerbau, Viehzucht und Veterinärmedizin – Fertigung, Verarbeitung, Zubereitung, Behandlung, Aufmachung, Verpackung, Beförderung oder Lagerung des betreffenden Lebensmittels oder in Folge einer Verunreinigung durch die Umwelt im Lebensmittel vorhanden ist. Der Begriff umfasst nicht ungewollte Überreste von Insekten, Tierhaare und anderen Fremdbesatz

[QUELLE: Verordnung (EWG) Nr. 315/93, modifiziert – „ungewollte“ hinzugefügt.]

Die Begriffsbestimmung grenzt eine bewusste Zugabe einer Zutat oder eines Zusatzstoffes gemäß einer Rezeptur von einer unbeabsichtigten oder ungewollten Anwesenheit eines Stoffes auf oder in einem Lebensmittel ab. Im weiteren Text werden unterschiedliche Herkünfte von möglichen Kontaminanten genannt.

(siehe Abschnitt 3.1.27). Da auch Insekten als Lebensmittel zum Einsatz kommen, sind nur solche, die ungewollt auftreten, als Kontamination anzusehen.

3.1.26

nachteilige Beeinflussung

Ekel erregende oder sonstige Beeinträchtigung der einwandfreien hygienischen Beschaffenheit von Lebensmitteln, wie durch Mikroorganismen, Verunreinigungen, Witterungseinflüsse, Gerüche, Temperaturen, Gase, Dämpfe, Rauch, Aerosole, tierische Schädlinge, menschliche und tierische Ausscheidungen sowie durch Abfälle, Abwässer, Reinigungsmittel, Pflanzenschutzmittel, Tierarzneimittel, Biozid-Produkte oder ungeeignete Behandlungs- und Zubereitungsverfahren

[QUELLE: LMHV]

Jede nachteilige Beeinflussung beeinträchtigt die Genusstauglichkeit und/oder die Lebensmittelsicherheit eines Lebensmittels. Sie kann daher dazu führen, dass ein Lebensmittel nicht mehr verzehrfähig ist, in seinem Genusswert gemindert wurde oder sogar nicht mehr sicher ist.

Lebensmittelhygienische Maßnahmen zielen darauf ab, die nachteilige Beeinflussung von Lebensmitteln zu verhindern oder weitgehend zu minimieren.

3.1.27

Kontamination

Vorhandensein oder Hereinbringen einer Gefahr

Anmerkung 1 zum Begriff: Nach Anhang II, Kapitel IX Nr. 3 der VO (EG) Nr. 852/2004 sind Lebensmittel auf allen Stufen der Erzeugung, der Verarbeitung und des Vertriebs vor Kontaminationen zu schützen, die sie für den menschlichen Verzehr ungeeignet oder gesundheitsschädlich machen bzw. derart kontaminieren, dass ein Verzehr in diesem Zustand nicht zu erwarten wäre.

Anmerkung 2 zum Begriff: Umgangssprachlich wird unter dem Begriff Kontamination häufig eine nachteilige Beeinflussung verstanden. Der Begriff Kontamination ist aber enger gefasst, da er sich in der Rechtsdefinition auf das Vorhandensein einer Gefahr bezieht.

[QUELLE: Verordnung (EG) Nr. 852/2004, modifiziert – Anmerkung 1 zum Begriff und Anmerkung 2 zum Begriff wurden hinzugefügt.]

Eine Kontamination kann aus sehr unterschiedlichen Herkünften und Ursachen herrühren. Es kommen alle in Anmerkung 2 aufgeführten Quellen wie Schmutz, Luftverunreinigungen aus der Umwelt, Schädlinge sowie Verschmutzungen aus nicht ausreichend gereinigten Flächen, Arbeitsutensilien und Geräten infrage. Auch die rohen Zutaten können per se schon kontaminiert sein und zu einer weiteren Kontamination von Produkten führen.

Gefahren durch Kontamination für die gesundheitliche Beeinträchtigung des Menschen entstehen in erster Linie aus Mikroorganismen, speziell unerwünschten, die Herstellung gefährdenden Keimen und solchen, die als Krankheitserreger eingestuft sind.

Beispiele dafür sind Wildhefen, die zu einer Fehlgärung führen und so als Endprodukt neben dem Ethanol auch das giftige Methanol produzieren und andere giftige Stoffwechselprodukte in einem Lebensmittel anreichern. Bei der Ernte von Feldfrüchten, Blattgewürzen und Kräutern führen anhaftende Erde oder

Tiere und deren Ausscheidungen zu Kontaminationen. So führt eine Kontamination von Gewürzen z. B. mit Salmonellen und *E. coli*-Keimen u. U. zu einer nachfolgenden Kontamination von verzehrfertigen Speisen und einer gefährlichen Keimvermehrung in den Produkten.

Die in der Regel nicht auszuschließende Kontamination von Fleisch während der Gewinnung führt zur Einschleppung von Keimen, ggf. auch pathogener Mikroorganismen, und ist so primär bereits eine Gefahr. Diese kann über die Kontamination von anderen Lebensmitteln und Bedarfsgegenständen in der Küche (siehe Abschnitt 3.1.28) zu einer Keimverschleppung führen, die wiederum eine Kontaminationsquelle darstellen kann.

Auch chemische Kontaminationen, z. B. aus der Umwelt durch Pestizide in der Landwirtschaft, aus der (Ab-)Luft der Industrie durch *fall out* und chemische Verunreinigungen von Oberflächenwasser und Fließgewässern sowie der Einsatz von chemischen Substanzen wie Reinigungsmitteln, Desinfektionsmitteln, Schmierstoffen kommen infrage.

Schließlich können unter den Begriff der Kontamination ggf. auch solche Rohstoffe und Pflanzenteile fallen, die als Lebensmittelinhaltsstoffe natürlich vorkommen können oder als Zutat bewusst verarbeitet werden. Nüsse, Sellerie und Senfsaat sind Beispiele für ggf. allergisch wirkende Zutaten, die für empfindliche Menschen eine große Gefahr darstellen. Daher ist bei der Verarbeitung in der Produktionsstätte darauf zu achten, dass solche Inhaltstoffe nicht durch mangelhaft gereinigte Geräte bei wechselnder Produktion in andere Lebensmittel verschleppt werden.

3.1.28

Kreuzkontamination

unbeabsichtigte Verschleppung von Substanzen auf bzw. in Lebensmittel

Anmerkung 1 zum Begriff: Die Verschleppung kann unmittelbar durch Kontakt von einem Lebensmittel zum anderen oder mittelbar durch benutzte, nicht zwischengereinigte Bedarfsgegenstände oder Werkzeuge sowie Geräte und Maschinen erfolgen.

Kreuzkontamination bedeutet, dass hier zwei Stoffe oder Lebensmittel miteinander unbeabsichtigt in Kontakt kommen, was so nicht hätte stattfinden dürfen. Die Kontamination ist dann nicht zu erwarten oder vorhersehbar, da deren ursprüngliche Herkunft keine Beziehung zur Herstellung des Lebensmittels hat.

Damit sind Kreuzkontaminationen gefährlicher einzuschätzen als „normale" Kontaminationen, da gegen deren Auswirkung keine präventiven Gegenmaßnahmen getroffen werden. Nachfolgend sind die ergänzenden Begriffsbestimmungen für unterschiedliche Ursachen von Kreuzkontaminationen aufgeführt.

3.1.28.1

mikrobielle Kreuzkontamination

unbeabsichtigte Übertragung von lebensmittelverderbenden und/oder pathogenen Mikroorganismen von (meist rohen) Lebensmitteln, unzureichend gereinigten Arbeitsgeräten oder Flächen auf Lebensmittel oder Lebensmittelbedarfsgegenstände

Anmerkung 1 zum Begriff: Mikrobielle Kreuzkontamination kann direkt erfolgen, wenn ein Lebensmittel ein anderes berührt (oder darauf tropft), oder indirekt, d. h. beispielsweise durch Kontakt mit kontaminierten Händen, Geräten, Arbeitsflächen, Spritzwasser, Umverpackungen oder anderen Utensilien.

Häufig macht man Maßnahmen der Lebensmittelhygiene nur an dem Ziel der Herstellung sicherer Lebensmittel fest. Der Arbeitskreis hat auch lebensmittelverderbende Keime hier mit aufgenommen, um zu zeigen, dass Hygienemaßnahmen auch vor wirtschaftlichen Verlusten schützen.

Mit der Anmerkung wird deutlich gemacht, was alles zu Kreuzkontaminationen führen kann und dass zu deren Abwehr bauliche und organisatorische Hygienemaßnahmen wie auch insgesamt eine *Gute Herstellungspraxis* und eine *Gute Hygienepraxis* im Produktionsprozess gehören.

Im Falle einer mikrobiellen Kreuzkontamination von gegarten Speisen durch unhygienische Handhabung spricht man auch von einer *Rekontamination*, um damit deutlich zu machen, dass ein eigentlich sicheres Lebensmittel möglicherweise durch eine erneute Kontamination wieder mikrobiologisch bedenklich sein könnte. Da in diesem Falle nach dem Garprozess keine Konkurrenzkeime auf dem Lebensmittel vorhanden sind, haben die Kontaminanten im wahrsten Sinne des Wortes freies Feld, sich auszubreiten und zu vermehren, was zu einem schnellen Verderb bzw. zu einer hohen Keimzahl und damit einem erheblichen Risiko einer Gesundheitsgefährdung führen kann.

Es ist dabei für die Definition zunächst unmaßgeblich, ob die verschleppten Keime „nur" harmlose Kontaminanten oder unerwünschte Verderbniserreger sind oder auch pathogene Eigenschaften haben, die die Gesundheit der Verbraucher gefährden.

Eine Kreuzkontamination droht immer bei Missachtung von Hygienemaßnahmen, bei mangelhafter Trennung von *unreiner* und *reiner Seite* und bei Mängeln in der Produktions- sowie Personalhygiene.

In der Praxis wird der Keimeintrag durch kontaminierte Rohprodukte für die Produktion sicherer Lebensmittel häufig überschätzt und die höhere Gefahr durch Kreuzkontaminationen beim Umgang mit den Lebensmitteln unterschätzt bzw. gar nicht erkannt.

Beispiel: Bei der Herstellung einer Rohwurst setzt man gezielt Laktobazillen zur pH-Wert-Absenkung durch die von den Bakterien gebildete Milchsäure ein. Das ist eine gewünschte Wirkung. Wenn die Rohwurst aber mit einer Brühwurst in Berührung kommt oder Laktobazillen über die Aufschnittmaschine oder ein Messer auf die Wurst übertragen werden, verdirbt die Brühwurst durch die Säuerung. Die Kreuzkontamination verursacht hier einen wirtschaftlichen Schaden durch Verderb.

3.1.28.2

allergene Kreuzkontamination

unbeabsichtigte Übertragung von Allergenen

Allergene Kreuzkontaminationen spielen heute, mit zunehmender Sensibilisierung in der Bevölkerung, eine größere Rolle als in früheren Zeiten.

Daher sind wichtige, in Lebensmitteln häufig verarbeitete allergene Zutaten kenntlich zu machen. Dies soll dazu dienen, dass Allergiker solche Lebensmittel meiden können.

Der Aufdruck auf vorverpackten Lebensmitteln „*kann Spuren von ... enthalten*" oder „*in unserem Betrieb werden auch ... verarbeitet*" ist oft als juristischer Versuch der Hersteller zu werten, die Haftung für Kreuzkontaminationen abzuwehren und die eigenen Anstrengungen, solche Kreuzkontaminationen so gut wie eben möglich zu vermeiden, von vornherein gar nicht erst im eigentlich nötigen Umfang zu beginnen.

Der Kontakt zu den Allergenen kann in der Herstellung tatsächlich zufällig oder aber auch fahrlässig, von Lebensmittel zu Lebensmittel unmittelbar oder mittelbar über Arbeitsgeräte erfolgen. Wenn Geräte nicht ordnungsgemäß gereinigt werden, hilft auch der beste Aufdruck nicht vor Sanktion, da die Kreuzkontamination vermeidbar gewesen wäre. Denn durch geplante

Produktionsabläufe und die erforderlichen Zwischenreinigungen kann man in einer Betriebsstätte die Kreuzkontaminationen mit Allergenen sehr gut in den Griff bekommen. Gerade die Reinigung benutzter Arbeitsgeräte und Maschinen ist eine wesentliche Präventionsmaßnahme.

Die häufige Ausrede, die Kreuzkontamination müsse von der Produktion eines anderen Lebensmittels herrühren, ist daher zunächst einmal das Eingeständnis, dass die betrieblichen Hygienemaßnahmen nicht korrekt umgesetzt wurden.

3.1.29

Schädling

lebendes oder totes Tier, das durch seine Anwesenheit, durch Teile seines Körpers, durch seine Ausscheidungen oder von ihm übertragene Organismen und Agenzien Lebensmittel nachteilig beeinflussen kann

Anmerkung 1 zum Begriff: Zu den Schädlingen gehören insbesondere kriechende Gliedertiere, fliegende Gliedertiere, Wirbeltiere, Würmer und ihre Dauerformen, tierische Einzeller, Hefen, Schimmelpilze, Algen, Bakterien, Viren und Prionen.

Anmerkung 2 zum Begriff: Schädlinge sind auch Schadorganismen im Sinne der VO (EU) Nr. 528/2012.

Schädlinge sind in erster Linie Mäuse und Ratten (sowie andere Kleinnager), Ameisen und Schaben, Fluginsekten wie Fliegen, Wespen oder Lebensmittelmotten.

Mit der Begriffsbestimmung werden aber auch die Tiere mit erfasst, die schon allein durch ihre Anwesenheit in der Betriebsstätte eine nachteilige Beeinflussung von Lebensmitteln hervorrufen können. Als Beispiel können Vögel genannt werden.

Urin und Kot von Schädlingen sind immer mikrobiologisch belastet und stellen außerdem eine ekelerregende, nachteilige Beeinflussung von Lebensmitteln dar. Dabei ist es nach einschlägiger Rechtsprechung unerheblich, ob man die Verunreinigung sehen kann oder davon nur Kenntnis erlangt.

Alle Insekten tragen unabhängig von ihrer Fortbewegungsart an den Füßen und Körpern Millionen von Keimen mit sich herum. Daher ist bei Kontakt mit Lebensmitteln immer von einer Kontamination auszugehen. Häufig kommt es bei Insekten auch zur Eiablage auf Lebensmitteln, was nachfolgend zu einer ggf. dauerhaften Ansiedlung der Insekten in der Betriebsstätte führt.

In der Anmerkung werden auch Hefen, Schimmelpilze, Bakterien und Viren als Schädlinge genannt. Diese werden im Allgemeinen aber als Mikroorganismen gesondert betrachtet. Sie können zwar über Schädlinge eingebracht werden und stellen damit das eigentliche Gefahren- und Risikopotenzial des Schädlingsbefalls dar (Kontamination des Lebensmittels mit Mikroorganismen durch den Schädling), aber sie selbst sind eigentlich keine Schädlinge im engeren Sinn der Begriffsdefinition.

3.1.30

Schädlingsbekämpfung

Gesamtheit der Maßnahmen, durch die eine nachteilige Beeinflussung der Lebensmittel durch Schädlinge vermieden wird

Anmerkung 1 zum Begriff: Die Gesamtheit der Maßnahmen umfasst nach heutigem Verständnis alle Maßnahmen zur Verhinderung des Eindringens von Schädlingen in den Betrieb, ein dokumentiertes Monitoring zur Erkennung eines möglichen Befalls und erforderlichenfalls die Bekämpfung von Schädlingen im Betrieb.

Im deutschen Sprachgebrauch werden alle Maßnahmen der mehrteiligen Basishygienemaßnahme unter der Überschrift *Schädlingsbekämpfung* zusammengefasst.

Im englischen Sprachraum spricht man von *pest control*, was sowohl die Verhinderung des Schädlingsbefalls als auch das Kontrollieren der Ab-/Anwesenheit von Schädlingen und die Beseitigung des Befalls durch die eigentlichen Schädlingsbekämpfungsmaßnahmen umfasst.

Die deutsche Übersetzung der Verordnung (EG) Nr. 852/2004 ist hier leider unscharf. Die Bekanntmachung der EU-Kommission zeigt aber im Gesamttext, dass die Mehrgliedrigkeit der Hygienemaßnahme durchaus gesehen und auch gemeint ist. Daher wurde dem Begriff die Anmerkung beigefügt.

Als Schädlinge sieht man in diesem Kontext alle Insekten (z. B. Fliegen, Wespen, Käfer, Ameisen) und alle Schadnager (z. B. Mäuse und Ratten), aber auch andere Säugetiere und Vögel an, die durch ihre Anwesenheit eine Kontamination von Lebensmitteln insbesondere mit Mikroorganismen hervorrufen können.

Die präventive Verhinderung des Anlockens und Eindringens von Schädlingen in eine Betriebsstätte ist die vorbeugende Maßnahme, die – richtig ausgeführt – die höheren Kosten einer wiederholenden Bekämpfungsmaßnahme verhindert. Hierzu zählen Fliegengitter an den Fenstern, dicht schließende Türen und Tore, Einfriedungen der Grundstücke und Verschließen aller Außenöffnungen der Betriebsstätte sowie das Sammeln der Abfälle in Tonnen mit Deckel, ggf. auch zusätzlich in einem außenliegenden Müllsammelhaus etc.

Die Kontrollen (Monitoring) der Verhinderung des Eindringens sind eine wesentliche Voraussetzung für die Lebensmittelsicherheit. Daher ist hierzu auch eine lückenlose Dokumentation erforderlich. Nur wer weiß, wo seine Fallen angebracht bzw. ausgelegt wurden, und diese in angemessenen Abständen kontrolliert, kann darauf vertrauen, dass sein präventiv ausgerichtetes Schädlingsbekämpfungsprogramm funktioniert.

Sollte es, was immer wieder durch Unachtsamkeit oder Einschleppung mit Verpackungsmaterial passieren kann, doch zum Eindringen von Schädlingen kommen, müssen die eigentlichen Bekämpfungsmaßnahmen durchgeführt werden. Da die für den Einsatz bei Wirbeltieren (Schadnagern) benötigten Gifte zu den zulassungspflichtigen Bioziden gehören, dürfen sie nur durch sachkundige Personen (Tierschutzgesetz § 4) zum Einsatz gebracht werden. Die Bekämpfungsmaßnahmen müssen ebenfalls dokumentiert sein.

3.1.31

Produkttemperatur

P

Temperatur an allen Stellen des Lebensmittels

In der Verordnung (EG) Nr. 852/2004 findet man allgemeine Anforderungen an die ununterbrochene, erforderliche Kühlung von allen kühlbedürftigen, insbesondere leicht verderblichen Lebensmitteln.

Es gibt hierzu in dieser Rechtsverordnung keine konkreten Angaben zu einzelnen Produkttemperaturen.

In der Verordnung (EG) Nr. 853/2004 gibt es für bestimmte Lebensmittel in abschließender Aufzählung solche Temperaturangaben sowohl für Lagertemperaturen als auch konkret für Produkttemperaturen.

Als Temperaturgrenzwert wird dabei in der Verordnung die Formulierung *„nicht mehr als…°C“* gewählt, was als Höchsttemperaturangabe zu werten ist.

Die ergänzende Festlegung der Produkttemperatur *„an allen Stellen“* bedeutet, dass die angegebene Produkttemperatur sowohl auf der Oberfläche eines Lebensmittels als auch darunter bis in den Kern als gleichermaßen gilt.

Die *Kerntemperatur* ist als Hygienekriterium eine wichtige Festlegung z. B. am CCP „Garen“. Sie ist aber ebenso maßgeblich für die Definition des Tieffrierens auf – 18 °C im Kern, wie sie in der Verordnung (EG) Nr. 853/2004 für das Tieffrieren bestimmt ist.

Besondere Bedeutung erlangte diese Formulierung *„an allen Stellen“* auch im Zusammenhang mit der aktualisierten Stellungnahme des BfR zum Heißhalten von Lebensmitteln. Nach Auswertung der inzwischen umfangreichen internationalen Literatur zur mikrobiologischen Gefahrensituation beim Heißhalten von Speisen kam das BfR zu dem Ergebnis, dass die Produkttemperatur von 60 °C bei diesem Prozessschritt an keiner Stelle des Lebensmittels unterschritten werden darf. Das bedeutet, dass diese Forderung nur erfüllt ist, wenn diese Temperaturvorgabe nicht nur im Kern, sondern auch auf der, in der Regel kühleren, Oberfläche eingehalten ist.

Die aus hygienischer Sicht bevorzugte Temperaturmessung in der Praxis der Lebensmittelunternehmen ist eine zerstörungsfreie, kontaktlose Messung, um Kontaminationen durch die Messsonden zu vermeiden. Damit kann es sich aber nicht um die Kerntemperatur handeln, da die Oberflächentemperatur gemessen wird. Zudem muss die Störanfälligkeit der i. d. R. benutzten Oberflächenmessgeräte (z. B. durch Reflexion der gemessenen Oberfläche), die i. d. R. einen größeren methodischen Fehler mit sich bringt (siehe auch DIN 10508 Abschnitt 6), berücksichtigt werden.

Nach einer fachlichen Diskussion in mehreren Arbeitskreisen hat man die Beschreibung der Messmethoden mit dem Begriff Produkttemperatur so abgestimmt, dass man mit „P“ stets die Temperatur an **allen** Stellen eines Lebensmittels meint. Dagegen ist die Definition des Erhitzens/Tiefgefrierens bis in den Kern (also eines Prozesses) an einem CCP immer als *Kerntemperatur* festzulegen, da die Temperaturveränderung von außen auf das Lebensmittel einwirkt und bis nach innen durchreichen muss.

3.1.32

Lagertemperatur

Aufbewahrungstemperatur

L

Lufttemperatur, bei der Lebensmittel gelagert werden

Die Lagertemperatur entspricht der Lufttemperatur in der unmittelbaren Umgebung eines Lebensmittels während der Lagerung. Eine Besonderheit ergibt sich bei der Lagerung frisch gefangener Fische. Da diese im kalten Meerwasser gelagert werden, gilt hier gemäß der Verordnung (EG) Nr. 853/2004 die Wassertemperatur als Lagertemperatur.

Die Lagertemperatur ist die wichtigste Anforderung an die umgebende Temperatur in Kühlräumen oder Kühlgeräten, um eine nachteilige Erhöhung der Produkttemperatur der eingelagerten oder behandelten Lebensmittel zu vermeiden. Das ist dann der Fall, wenn das einzulagernde Lebensmittel im Sinne der ununterbrochenen Kühlkette diese Produkttemperatur bereits aufweist oder darauf zuvor abgekühlt wurde und sich durch die Lagerung bei einer entsprechenden Lufttemperatur die Produkttemperatur nicht wesentlich verändert.

Die betrieblichen Eigenkontrollen in Kühlgeräten/-räumen und beim Transport zielen genau auf diese Annahme ab, eigentlich die Temperaturerfordernisse und Festlegungen zu den Produkten zu kontrollieren, ohne jedes einzelne Produkt in einem Raum einzeln messen zu müssen.

3.1.33

produktspezifische Transporttemperatur

vorgegebene Lufttemperatur in der Temperaturzoneneinheit der Versandeinheit

Anmerkung 1 zum Begriff: DIN 10508 beschreibt notwendige Temperaturvorgaben für Lebensmittel.

Diese Begriffsbestimmung wurde in der Folge der zunehmenden Bedeutung des Versandhandels auch mit kühlbedürftigen und -pflichtigen Lebensmittels eingeführt. Sie beschreibt die vom verantwortlichen Lebensmittelunternehmer als Folge seiner Gefahrenanalyse und Risikobewertung festgelegte Umgebungstemperatur, die notwendig ist, um die erforderliche Produkttemperatur des versandten Lebensmittels sicher einhalten zu können.

3.1.34

tiefgefrorenes Lebensmittel

Lebensmittel, das auf eine Kerntemperatur von mindestens – 18 °C gefroren ist

Anmerkung 1 zum Begriff: Auf – 18 °C im Sinne der EU-Verordnung (EG) Nr. 853/2004 gefrorene Produkte werden, wenn sie nach der Verordnung über tiefgefrorene Lebensmittel (TLMV) vom 22. Februar 2007 so deklariert sind, auch als tiefgefroren (Tiefkühlware) bezeichnet.

Anmerkung 2 zum Begriff: Nach dem Tiefgefrieren muss die Temperatur bis zur Abgabe an den Verbraucher an allen Punkten des Erzeugnisses ständig bei – 18 °C oder tiefer gehalten werden (siehe TLMV). Es gibt Ausnahmeregelungen für einzelne Produkte bezüglich abweichender Produkttemperaturen und/oder Lager- und Transportbestimmungen (siehe auch DIN 10508).

Diese Begriffsbestimmung wurde aufgenommen, um unterschiedliche rechtliche Definitionen zu vereinen und den Sprachgebrauch in der Norm zu vereinfachen.

In der deutschen Übersetzung der englischen Version der Verordnung (EG) Nr. 853/2004 wird vom *Einfrieren auf – 18 °C oder darunter und von gefrorenen* Lebensmitteln gesprochen, obwohl das *Tieffrieren* auf eine Kerntemperatur von – 18 °C und die *tiefgefrorenen* Lebensmittel gemeint sind.

In der Verordnung (EG) Nr. 853/2004 ist in diesem Zusammenhang auch als Ausnahme die Fundstelle für den Begriff der *Kerntemperatur* zu finden, während ansonsten immer die *Produkttemperatur* (*im gesamten Erzeugnis*) oder die *Lagertemperatur* maßgeblich einzuhalten ist.

Anmerkung 1 zum Begriff soll verdeutlichen, dass es sich hierbei nach der Verordnung über tiefgefrorene Lebensmittel (TLMV) um Tiefkühlware handelt, nicht um die kaum noch im Handel anzutreffenden „*gefrorenen*“ Lebensmittel (z. B. gefrorene Suppenhühner), die tatsächlich nur auf eine Produkttemperatur von – 12 °C gefroren und gelagert werden.

Die Forderung des Einfrierens auf *– 18 °C oder darunter* ist zunächst für den Vorgang selbst definiert. Für einzelne Lebensmittel ist darüber hinaus auch die weitere Lagerung *bei – 18 °C* vorgeschrieben. In Verbindung mit der Verordnung *über tiefgefrorene Lebensmittel* ergibt sich für alle Lebensmittel, dass die Produkte, wenn sie als tiefgefroren deklariert werden, als Tiefkühlware auch bei einer Temperatur von – 18 °C zu lagern und zu transportieren sind. In der TLMV findet man z. B. auch zulässige Abweichungen für den Transport der Produkte.

Für tiefgefrorenes Hackfleisch bestimmt die Verordnung (EG) Nr. 853/2004 allerdings die strikte Einhaltung der Tiefkühlkette von – 18 °C oder darunter **ohne** Unterbrechung, auch nicht für die Logistikvorgänge! Da das Hygienerecht der Verordnung (EG) Nr. 853/2004 vorrangig vor dem Handelsrecht der TLMV ist, muss diese Anforderung in jedem Fall beachtet werden.

3.1.35

kühlpflichtiges Lebensmittel

Lebensmittel, für das in einer Rechtsnorm eine verbindliche Produkttemperatur festgelegt ist

Anmerkung 1 zum Begriff: In der Regel handelt es sich dabei um die Produkttemperaturvorgaben für bestimmte Lebensmittel tierischen Ursprungs, in Ausnahmen auch um die Lagertemperatur für bestimmte Produkte.

Um die beiden Begriffe *kühlpflichtig* und *kühlbedürftig* gab und gibt es immer wieder Diskussionen.

Der Begriff *kühlpflichtig* beinhaltet nach Auffassung des Arbeitskreises den Hinweis zur bindenden *Verpflichtung*, die sich auf der Basis konkreter rechtlicher Vorgaben ergibt. Die normative Trennung in die beiden Gruppen kühlpflichtig und kühlbedürftig ist so gewählt, um die im Lebensmittelrecht verankerte Regelung zur Kühlpflicht deutlich erkennbar zu machen.

Für bestimmte, dort aufgezählte Lebensmittel tierischen Ursprungs gelten gemäß der Bestimmung der Verordnung (EG) Nr. 853/2004 die dort definierten Temperaturanforderungen. In der Verordnung sind diese Temperaturen für die einzelnen Erzeugnisse und Zubereitungen exakt zugeordnet, verbindlich festgelegt und bestimmt, ob Abweichungen zulässig sind – oder eben nicht. Die Auflistung ist abschließend.

Eine besondere Gruppe von Lebensmitteln stellen die *sehr leicht verderblichen Lebensmittel* (siehe Abschnitt 3.1.13) dar, für die teilweise auch durch den Gesetzgeber eine Produkttemperatur in den Lebensmittelhygieneverordnungen bestimmt wurde. Aufgrund ihrer Produkteigenschaft sind diese Lebensmittel daher, wenn nichts anderes bestimmt ist, bei 4 °C oder darunter zu lagern und zu transportieren.

Ergibt sich keine unmittelbare rechtliche Vorgabe, so ist die Temperaturforderung von 4 °C als Anhaltspunkt anzunehmen. Vorrangig ist allerdings die in Verbindung mit der Verbrauchsfrist durch den Hersteller/Inverkehrbringer angegebene Temperaturvorgabe einzuhalten.

Fazit: Jedes kühlpflichtige Lebensmittel ist per se ein kühlbedürftiges Lebensmittel, nicht jedes kühlbedürftige Lebensmittel ist aber durch gesetzliche Vorschriften kühlpflichtig.

3.1.36

kühlbedürftiges Lebensmittel

Lebensmittel, das zu den leicht verderblichen Lebensmitteln zählt, für das aber in keiner Rechtsnorm eine Produkttemperatur festgelegt wurde

Anmerkung 1 zum Begriff: Siehe hierzu Empfehlungen für die Produkttemperaturen für derartige Lebensmittel in DIN 10508.

Im Gegensatz zu den oben beschriebenen *kühlpflichtigen Lebensmitteln* aufgrund gesetzlicher Vorgaben gilt für alle anderen Lebensmittel, dass sie ohne bindende rechtliche Vorgabe trotzdem aufgrund ihrer Zusammensetzung und Beschaffenheit ggf. *kühlbedürftig* sein können. Hier kommt die Verpflichtung des Lebensmittelunternehmers zum Zuge, sichere Lebensmittel für die Abgabe an die Endverbraucher her- bzw. bereitzustellen.

Auch für diese Lebensmittel gibt es rechtliche, aber nicht präzisierte Vorgaben. Im Gegensatz zur Verordnung (EG) Nr. 853/2004 sind in der Verordnung (EG) Nr. 852/2004 keine Lebensmittel namentlich benannt und keine Produkttemperaturen festgelegt.

Eine Gruppe der kühlbedürftigen Lebensmittel wird unter dem Begriff der *leicht verderblichen Lebensmittel* (siehe oben Abschnitt 3.1.12) zusammengefasst, weil sie ohne ausreichende Kühlung in kurzer Zeit in mikrobiologischer Hinsicht verderben würden. Für diese Gruppe von Lebensmitteln gilt insbesondere die Vorgabe der Verordnung (EG) Nr. 852/2004, dass sie gekühlt werden müssen und die Kühlkette nicht unterbrochen werden darf.

Aufgrund besonderer Bedingungen bei der Erzeugung und Verarbeitung ist eine Kühlbedürftigkeit auch für bestimmte pflanzliche Lebensmittel gegeben (Pflanzen und Pilze). Die mikrobiologische natürliche Kontamination und die Verarbeitung begründen diese Zuordnung. So sind z. B.

- Sprossen und vorgeschnittene Blattsalate, vorgeschnittene Zwiebeln und gemischte Rohkostsalate sowie
- geschnittenes Obst wie geteilte Melonen und frischer Obstsalat und selbst hergestellte frische Obstsäfte und Smoothies

dieser Gruppe zugeordnet.

Entsprechend den Produkteigenschaften ergeben sich für die einzelnen Lebensmittel unterschiedliche Temperaturanforderungen.

In der Regel wird eine Kühllagerung bei 7 °C für die meisten Produkte als ausreichend angesehen, um eine Keimvermehrung zu verhindern.

Anmerkung 1 zum Begriff der kühlbedürftigen Lebensmittel verweist daher auf die DIN 10508 *Lebensmittelhygiene – Temperaturen für Lebensmittel.* In dieser Norm wurden alle kühlbedürftigen/kühlpflichtigen und tiefgefrorenen Lebensmittel in Tabellen untergruppiert zusammengefasst. Es wurden, soweit keine rechtlichen Forderungen ableitbar sind, durch wissenschaftlich fundierte Erkenntnisse von den Experten der Arbeitsgruppe im Einvernehmen mit den beteiligten interessierten Kreisen der Hersteller und der Wirtschaft, des Handels und der Lebensmittelüberwachung die jeweils notwendigen Produkt- oder Lagertemperaturanforderungen festgelegt.

3.1.37

Temperaturlogger

Speichereinheit, welche Temperaturdaten in einem bestimmten Rhythmus über den Zeitverlauf über eine Schnittstelle aufnimmt und auf einem Speichermedium ablegt

Die elektronischen Messgeräte zur Temperaturerfassung ermöglichen eine kontinuierliche Erfassung der Produkttemperatur oder Umgebungstemperatur (Luft) an jedem Lagerort, dank der Gerätebatterien auch während des Transportes. Die Temperaturlogger besitzen als mobile Geräte im Gegensatz zu Thermometern zusätzlich eine Speichereinheit, die die vom Temperaturfühler gemessenen Werte automatisch aufzeichnet und speichert oder in eine Cloud transferiert. So besteht die Möglichkeit, Messungen in definierten Abständen, z. B. über die gesamte Transportzeit oder einen Tagesablauf, in einem Kühlhaus oder Kühlschrank durchzuführen und (in Echtzeit) zu überwachen und zu dokumentieren. Das dient beispielsweise der Überprüfung der Einhaltung der Temperaturvorgaben, z. B. am Lagerort im Rahmen der Qualitätssicherung oder zur Validierung von Transport-/Kühlkonzepten beim Transport von Lebensmitteln unter realen Einsatzbedingungen.

Aufgrund der Anschaffungskosten müssen die Logger zum Besitzer zurückgeführt werden, was für den täglichen Versand an Endkunden in der Regel zu kostspielig und aufwendig ist und daher nicht praktiziert wird. Zur Absicherung eines validierten Kühlkonzeptes kann man aber in regelmäßigen Abständen bei Mustersendungen Temperaturlogger mit beilegen und abschließend auswerten.

Auf dem Markt verfügbar sind auch Indikatorsysteme, die Temperaturbereiche mittels Farbumschlag anzeigen. Sie erfassen jedoch keine diskreten Temperaturverläufe und kommen entsprechend dieser Limitierung nur für bestimmte Temperaturbereiche und Einsatzzwecke zum Einsatz.

3.1.38

Konditionierung

Überführen eines Objektes in einen definierten Zustand

Anmerkung 1 zum Begriff: Vorgang, der dazu vorgesehen ist, ein Objekt/Produkt/Kühlmittel in eine festgelegte Bedingung z. B. in Bezug auf Temperatur und/oder relative Luftfeuchte zu bringen.

Für einen bestimmten Zweck benötigt man einen definierten Zustand eines Objekts, hier beispielsweise die Vorgabe von Temperatur oder Luftfeuchtigkeit.

Als Beispiel kann die aktive Vorkühlung in Frostern bzw. Kühlakkus genannt werden oder das erforderliche Vorheizen eines Wasserbades zur Heißhalten von Speisen, bevor diese dort eingestellt werden können.

3.2 Begriffe im Zusammenhang mit Betriebstätten

3.2.1

Betriebsstätte

Einrichtung, in der Lebensmittel hergestellt, behandelt, gelagert oder in den Verkehr gebracht werden

Anmerkung 1 zum Begriff: Dazu zählen auch ortsveränderliche oder nichtständige Einrichtungen wie Verkaufszelte, Marktstände, mobile Verkaufseinrichtungen, Verkaufsfahrzeuge sowie Verkaufsautomaten.

Anmerkung 2 zum Begriff: Im Sinne dieses Dokuments kann unter Betriebsstätte ergänzend verstanden werden: gesamte betriebliche Anlage, bestehend aus dem Gelände, dem umbauten Raum mit Ausrüstung und Einrichtung, innerbetrieblichen Transportmitteln, gegebenenfalls Verkehrsflächen und sonstigen Freiflächen, soweit sie zum Verantwortungsbereich des Betriebes gehören und eine nachteilige Beeinflussung von dort ausgehen kann.

Betriebsstätten sind Einheiten eines Lebensmittelunternehmens (siehe Abschnitt 3.1.3).

Nach der Anlage II der Verordnung (EG) Nr. 852/2004 über Lebensmittelhygiene umfasst die Betriebsstätte die feste Infrastruktur der Betriebsgebäude einschließlich betrieblicher Hofanlagen und Verkehrsflächen sowie die in den Gebäuden befindlichen fest montierten und beweglichen Betriebsmittel (Einrichtungsgegenstände und Geräte).

In DIN 10506 *Lebensmittelhygiene – Gemeinschaftsverpflegung* und DIN 10543 *Lebensmittelhygiene – Lebensmittelhygiene – Lebensmittellieferungen an Endverbraucher (insbesondere Onlinehandel) – Hygieneanforderungen und notwendige Informationen* finden sich Hinweise, was bei unterschiedlichen Betriebsgrößen und geplanten Produktionsumfängen an Ausstattung und Basishygieneanforderungen vollumfänglich erfüllt werden muss bzw. welche Abstriche und Ausnahmen möglich sind. Den tatsächlichen Umfang der Ausstattung und der Inhalte des Hygienemanagements muss der Lebensmittelunternehmer zunächst primär auf der Basis einer Bewertung seiner vorgesehenen Herstellungsprozesse, Angebote zum Verzehr bzw. Verpflegungsvorgänge selbst bestimmen. Im Zweifel über den Umfang und die Ausgestaltung der erforderlichen Einrichtung und Ausstattung der Betriebsstätte sowie Art und Umfang der Maßnahmen empfiehlt sich ein vorheriges Gespräch mit den zuständigen Lebensmittelüberwachungsbehörden.

Eine Spezialität stellen die ortsveränderlichen Einrichtungen dar. Es gibt z. B. mobile Küchen in Leichtbauweise oder Containerform, die bspw. auf Wochenmärkten zum Einsatz kommen, Verpflegungszelte und Speisenausgabestellen in Festhallen.

Auf mobile (Feld-)Küchen der Bundeswehr und des Technischen Hilfswerks (THW) sowie der Hilfsorganisationen ist diese Norm nur bedingt anwendbar, da wesentliche Anforderungen des Abschnitts 4 der DIN 10506 *Gemeinschaftsverpflegung* dort nicht zutreffen oder einzuhalten sind.

Marktstände sind zwar häufig grundsätzlich auch ortsveränderlich konstruiert, werden aber nach dem Aufbau an bestimmten Orten betrieben und sind dort mit allen Ver- und Entsorgungsmedien angeschlossen. Aufgrund der darin ablaufenden Verpflegungsvorgänge bis zur direkten Abgabe von Speisen können sie daher den GV-Betrieben in fester Infrastruktur gleichgestellt sein.

Einrichtungen zur Gemeinschaftsversorgung auf Jahrmärkten und Volksfesten sind ortsveränderliche Bauten, bei denen manche Details nur sinngemäß anzuwenden sind. Andere Anforderungen dagegen können und sollen vollumfänglich beachtet und erfüllt werden. Häufig geben Land, Kreis und/oder Kommunen hierzu auch hilfreiche Handreichungen heraus.

Für Verkaufsfahrzeuge des Handwerks und Einzelhandels gibt es außerdem die spezielle Norm DIN 10500 *Lebensmittelhygiene – Verkaufsfahrzeuge und ortsveränderliche, nichtständige Verkaufseinrichtungen für leicht verderbliche Lebensmittel – Hygieneanforderungen, Prüfung.*

3.2.2

Lebensmittelbedarfsgegenstand

Lebensmittelkontaktmaterial

Material und Gegenstand, einschließlich aktiver und intelligenter Lebensmittelkontaktmaterialien und -gegenstände, das/der als Fertigerzeugnis dazu bestimmt ist, mit Lebensmitteln in Berührung zu kommen, oder bereits mit Lebensmitteln in Berührung ist und dazu bestimmt ist, oder vernünftigerweise vorhersehen lässt, dass es/er bei normaler oder vorhersehbarer Verwendung mit Lebensmitteln in Berührung kommt oder dessen Bestandteile an Lebensmittel abgibt

Anmerkung 1 zum Begriff: Im derzeitigen Sprachgebrauch wird teilweise auch der Begriff „Lebensmittelkontaktmaterial" verwendet.

Anmerkung 2 zum Begriff: Zu den Lebensmittelbedarfsgegenständen gehören zum Beispiel:

- Lebensmittelbereiche von Be- und Verarbeitungsmaschinen für Lebensmittel;
- Packmittel, die direkt mit dem Lebensmittel in Berührung kommen;
- Verkaufsgeräte und -möbel, soweit sie direkt mit den Lebensmitteln in Berührung kommen;
- sowie Ess-, Trink- und Kochgeschirr.

Anmerkung 3 zum Begriff: Zu den Packmitteln im Sinne dieser Definition gehören z. B. keine Überzugs- und Beschichtungsmaterialien, wie Materialien zum Überziehen von Käserinden, Fleisch- und Wurstwaren oder Obst, die mit dem Lebensmittel ein Ganzes bilden und mit diesem verzehrt werden können.

Anmerkung 4 zum Begriff: Zur Rechtsdefinition für die Lebensmittelbedarfsgegenstände und Lebensmittelkontaktmaterialien siehe LFGB, § 2, Absatz 6, Ziffer 1 und Verordnung (EG) Nr. 1935/2004.

Diese Begriffsbestimmung beschreibt, was alles als Lebensmittelbedarfsgegenstand anzusehen ist und gibt den Hinweis, dass sich Anforderungen an Lebensmittelkontakte der Bedarfsgegenstände aus der übergeordneten europäischen Verordnung (EG) Nr. 1935/2004 ergeben.

Es handelt sich demnach um alle Materialien, die nicht selbst Lebensmittel oder Bestandteil davon sind, sowie Arbeitsgeräte in einer Betriebsstätte, deren Oberflächen unmittelbar mit Lebensmitteln in Berührung kommen bzw. kommen können. Dazu gehören auch die entsprechenden Kontaktflächen bei Geräten, Nahrungsmittelmaschinen und Anlagen sowie die Oberflächen von Arbeitstischen, Arbeitsbekleidung usw.

3.2.3

Umhüllung

Platzieren eines Lebensmittels in eine Hülle oder ein Behältnis, welche/s das Lebensmittel unmittelbar umgibt, sowie diese Hülle oder dieses Behältnis selbst

Anmerkung 1 zum Begriff: Das Umhüllungsmaterial muss lebensmittelrechtlichen Anforderungen entsprechen, auf den Inhalt abgestimmt sein und dessen Schutz und Sicherheit sicherstellen.

Anmerkung 2 zum Begriff: Im allgemeinen Sprachgebrauch wird die Umhüllung auch als die Primärverpackung bezeichnet.

[QUELLE: Verordnung (EG) Nr. 852/2004, modifiziert – Anmerkung 1 zum Begriff und Anmerkung 2 zum Begriff wurden hinzugefügt.]

Den Begriff *Hülle* assoziiert man meist mit z. B. der Wursthülle oder der allgemein als Primärverpackung bezeichneten Folie/Einwicklung, mit dem lose Lebensmittel gegenüber der Umwelt geschützt werden. Die rechtliche Begriffsdefinition der Umhüllung ist, so wie hier zitiert, in der Verordnung (EG) Nr. 852/2004 festgelegt. Dort werden auch Behältnisse genannt, die in unserem Sprachgebrauch formbeständige Bedarfsgegenstände (z. B. Vorratsdosen) darstellen, keine flexiblen Hüllen.

Kennzeichnend – bei der Rechtsdefinition – ist der unmittelbare Lebensmittelkontakt.

Jede Umhüllung, die unmittelbar in Kontakt mit dem Lebensmittel steht, muss selbst den lebensmittelrechtlichen Anforderungen genügen. Diese Anforderungen sind in der Verordnung (EG) Nr. 1935/2004 oder Einzelmaßnahmen (siehe auch Verordnung (EU) 10/2011 Kunststoffe) festgelegt. Es ist darauf zu achten, dass das Material der Umhüllung zweckgebunden bestimmt wurde. Das bedeutet, das Material ist entsprechend dem zu umhüllenden Lebensmittel so zu wählen, dass es auch dem Zweck entsprechend verwendet wird. Als Beispiel kann man die Kunststofffolie anführen, die als Umhüllung loser stückiger Ware definiert wurde, aber ungeeignet ist, um darin Lebensmittel einzufrieren. Aluminiumfolie ist als Einwickler verwendbar, allerdings nicht für Lebensmittel mit saurem pH-Wert, da diese die Freisetzung von Aluminium ins Lebensmittel begünstigen.

Der alltagssprachliche Begriff der *Primärverpackung* für vorverpackte Lebensmittel grenzt die dem Produkt anliegende Umhüllung von der Transportverpackung ab. Diese kann auch eine Verbundfolie sein oder jede andere Art der Verpackung. Diese Verpackung muss keine Anforderungen an Kontaktmaterialien erfüllen, sofern keine Migration von Bestandteilen ins Lebensmittel vernünftig vorhersehbar ist, sondern sie robust die Ware während des Transportes schützt.

3.2.4

Verpackung

Platzieren eines oder mehrerer umhüllter Lebensmittel in ein zweites Behältnis sowie dieses Behältnis selbst

[QUELLE: Verordnung (EG) Nr. 852/2004]

Im deutschen Sprachgebrauch wird sowohl die *Verpackung* als solche als auch die direkte Verpackung nebst Inhalt als eine *Verpackung* oder verkürzt *Packung* bezeichnet, die im lebensmittelrechtlichen Kontext als Umhüllung bezeichnet wird. Diese mangelnde sprachliche Differenzierung kann zu Missverständnissen führen.

Bei lose gehandelten Lebensmitteln wie Obst oder Gemüse kann es sein, dass diese Lebensmittel ohne Umhüllung in die (Transport-)Verpackung eingelegt werden. Dann muss diese Verpackung als Umhüllung den Anforderungen an Lebensmittelkontaktmaterialien genügen, da sie direkt mit dem Lebensmittel in Kontakt kommt bzw. kommen kann.

Bei einer gemischten Lieferung von bereits umhüllten Lebensmitteln wie Obst und Gemüse stellt die Transportverpackung für diese nur das zweite „Behältnis" dar und ist lebensmittelrechtlich deshalb als Verpackung anzusehen.

3.2.5

luftdicht verschlossener Behälter

Behälter, der seiner Konzeption nach dazu bestimmt ist, seinen Inhalt gegen das Eindringen von Gefahren zu schützen

[QUELLE: Verordnung (EG) Nr. 852/2004]

Konservendosen z. B. sind luftdicht verschlossene Behälter. Aber auch größere Transporteinheiten und Verpackungen können, wenn sie das Kriterium luftdicht verschlossen – also abgetrennt von der Umgebung – erfüllen, dazugehören. Dazu zählen vakuumierte Behältnisse oder dafür vorgesehene Transportboxen.

3.2.6

Funktionsbereich

Bereich, dem bestimmte Betriebsfunktionen zugeordnet sind und der über die gesamte Betriebszeit oder zeitlich begrenzt nur dieser Funktion dient

Anmerkung 1 zum Begriff: Zu den Bereichen, denen Betriebsfunktionen zugeordnet sind, zählen Flächen, Boxen, Räume oder Raumgruppen.

Für die Planung und den Bau einer Betriebsstätte ist es erforderlich, die Räume in Funktionsbereiche einzuteilen. Diese Funktionsbereiche sind dadurch charakterisiert, dass sie die gleichen Anforderungen an ihre Gestaltung aufweisen und im Betriebsablauf auch zueinander in Beziehung stehen.

Diese Definition wird immer dann vom Lebensmittelunternehmer heranzuziehen sein, wenn es darum geht, Hygienemaßnahmen einzugrenzen oder zeitlich/räumlich Zuordnungen vorzunehmen.

Mit den nachfolgenden Begriffsbestimmungen werden einige solcher begrifflichen Abgrenzungen von Funktionsbereichen näher erläutert.

3.2.7

Nassbereich

Bereich, der durch seine Nutzung einer hohen Feuchtigkeitsbelastung ausgesetzt ist

Anmerkung 1 zum Begriff: Dazu gehören z. B. Räume zur Vor- und Zubereitung von Lebensmitteln, bestimmte Kühlräume, Warentransportwege, Abfalllagerräume, Spülräume, Toiletten, Wasch- und Duschräume.

Die Nassbereiche einer Betriebsstätte haben alle gemeinsam, dass sie durch Wasser und/oder hohe Luftfeuchtigkeit mehr belastet sind als andere Bereiche der Betriebsstätte.

Beispielsweise haben alle Bereiche, in denen gespült wird, sei es manuell oder mittels Maschinen, ein feuchtes Raumklima. Das gilt auch für die Sanitärräume. Extrem können die Luftfeuchtigkeit und Produktionswasserbelastung in allen Garküchen und den dazugehörigen Vorbereitungsräumen für Rohkost und Gemüse sein. Alle in der Anmerkung aufgelisteten Räume und Bereiche gehören dazu, da sie regelmäßig nass gereinigt werden müssen.

Die Baumaterialien für Nassbereiche sind daher aufgrund der hohen Feuchtigkeitsbelastung anforderungsgemäß auszustatten und weisen andere Qualitäten mit Blick auf die Oberflächeneigenschaften auf als z. B. ein Trockenlager. Daher sind die Nassbereiche schon in der Bauplanung als spezielle Funktionsbereiche auszuweisen und bei der Ausgestaltung der Wand- und Bodenbeläge, aber auch der Lüftung und ggf. der Versorgung mit Wasser sowie Abwasserentsorgung besonders zu betrachten.

Für Nassbereiche gelten höhere Anforderungen an den Arbeits- und Gesundheitsschutz.

3.2.8

Trockenbereich

Bereich, der aufgrund seiner Nutzung einer vernachlässigbaren Feuchtigkeitsbelastung ausgesetzt ist

Anmerkung 1 zum Begriff: Dazu gehören z. B. Trockenlagerräume, Gerätelager, Wäschelager, Büro-, Aufenthalts-, Umkleideräume.

Trockenbereiche einer Betriebstätte dienen zumeist der Lagerung von Lebensmitteln und Bedarfsgegenständen.

Im Gegensatz zu den Nassbereichen sind in Trockenbereichen die baulichen und organisatorischen Anforderungen niedriger anzusetzen, z. B. können weniger rutschhemmende Bodenbeläge oder feuchtigkeitsresistente Anstriche verbaut werden und lüftungstechnische Maßnahmen sind nicht regulär vorzusehen.

3.2.9

Verschmutzung

alle Stoffe, die Lebensmittel unsicher machen können

Anmerkung 1 zum Begriff: Dazu gehören u. a. Produktrückstände, Mikroorganismen, Reinigungsmittelrückstände, Chemikalien oder Desinfektionsmittel, mit Ausnahme von Stoffen (oder freigesetzte Metallionen), die aus Substanzen, die mit Lebensmitteln in Berührung kommen, in das Lebensmittel übergehen.

Verschmutzungen können mineralischer, organischer oder anorganischer Natur sein.

Zu den am häufigsten auftretenden Verschmutzungen bei Lebensmitteln zählen die organischen Verunreinigungen. Zu ihnen gehören beispielsweise Lebensmittelreste oder, weiter betrachtet, petroleum- oder ölhaltige Verunreinigungen (z. B. aus Schmierstoffen) oder Ablagerungen wie z. B. von Fetten.

Die Hauptverschmutzungen von Bedarfsgegenständen, Flächen und Geräten stammen bei deren Benutzung von den verarbeiteten Lebensmitteln selbst; sie können je nach Lebensmittelart aus Eiweißen (z. B. Fleisch, Milch, Käse, Eier), Fetten (z. B. tierisches Fett, pflanzliches Fett) oder Kohlenhydraten (z. B. Obst, Gemüse) bestehen. Bei der Verarbeitung von Agrarerzeugnissen und rohen tierischen Produkten, insbesondere Fleisch, kommt es auch zur Kontamination der Arbeitsgeräte und Flächen mit dort natürlicherweise vorkommenden Mikroorganismen, die sich sehr gut in den Resten von Eiweißen und Kohlenhydraten vermehren können.

Eine wesentliche Ursache für Verschmutzung kann die unsachgemäße Lagerung, der Transport und/oder das Anbieten von Lebensmitteln sein.

Alle Verschmutzungen müssen wieder entfernt werden, um die herzustellenden Lebensmittel und Speisen vor nachteiliger Beeinflussung (insbesondere Verderb) zu schützen. Dabei ist aber auch darauf zu achten, dass die bei der Durchführung der Hygienemaßnahmen *Reinigung* und *Desinfektion* eingesetzten Chemikalien mit dem abschließenden Nachspülgang gleichfalls möglichst rückstandsfrei wieder entfernt werden, d. h. die Gesundheit der Endverbraucher im Ergebnis nicht gefährdet bzw. beeinträchtigt wird.

3.2.10

Reinigung

Entfernung von Verschmutzungen

[QUELLE: DIN EN 1672-2:2021-05, 3.6]

Die Basishygienemaßnahme *Reinigung* ist eine Grundvoraussetzung jeder Produktion von Lebensmitteln. Hierdurch werden alle sichtbaren Verschmutzungen wieder entfernt, sodass die gereinigten Objekte anschließend als sauber (siehe Abschnitt 3.2.15) zu bezeichnen sind.

Durch die Reinigung werden Nahrungsmittelmaschinen, -anlagen, Geräte und Einrichtungen und Arbeitsutensilien überhaupt erst wieder für eine weitere Lebensmittelproduktion verwendbar. Darüber hinaus sind saubere Flächen die Grundvoraussetzung für eine wirksame Desinfektion.

Die Reinigung kann z. B. ein einfaches „besenrein" als Entfernung von grobem Schmutz (Trockenreinigung) darstellen oder eine Nassreinigung mit Einsatz von Wasser, ggf. unter Verwendung von Reinigungsmitteln. Bei fest haftenden Verschmutzungen kann es erforderlich sein, eine mechanische Reinigung mittels Bürsten, Schrubbern, Schwämmen und/oder Lappen in Kombination mit einer chemischen Nassreinigung durchzuführen.

Chemische Substanzen in unterschiedlichen Reinigungsmitteln dienen hierbei als Hilfe, um Verunreinigungen von Oberflächen zu lösen und damit die Voraussetzung für deren Entfernung mittels einer Nassreinigung zu schaffen.

Neben der Reinigung von Gegenständen, Geräten und Flächen kann auch eine Luftreinigung je nach Erfordernis der Produktionsstätte z. B. durch Filteranlagen infrage kommen.

3.2.11

Desinfektion

chemisches und/oder physikalisches Verfahren zur Abtötung von Mikroorganismen auf ein Niveau, das weder gesundheitsschädlich ist noch die Qualität der Lebensmittel beeinträchtigt

Anmerkung 1 zum Begriff: Mikroorganismen sind Viren, Bakterien, Hefen, Schimmelpilze, Protozoen und Algen.

Desinfektion gehört gleichfalls zu den Basishygienemaßnahmen und ist in der Regel mit einer vorgeschalteten Reinigung verbunden.

Der Begriff der *Desinfektion* entstammt eigentlich der Seuchenlehre und soll den Prozess beschreiben, der dazu führt, dass Gegenstände nicht mehr infizieren können. Gemäß Codex Alimentarius bedeutet Desinfektion eine Verringerung der Mikroorganismen in der Lebensmittelumgebung durch chemische Mittel und/oder physikalische Verfahren auf ein Niveau, das die Lebensmittelsicherheit und -bekömmlichkeit nicht beeinträchtigt.

Die *Desinfektion* wird immer dann einzusetzen sein, wenn zu befürchten ist, dass auf einer sauberen Fläche noch krankmachende Keime vorhanden sein könnten. In der Herstellung von Lebensmitteln kann es aber auch erforderlich sein, eine unerwünschte, die Produktion selbst negativ beeinträchtigende Anzahl von Mikroorganismen auf ein ausreichendes Minimum zu reduzieren.

3.2.12

leicht reinigbar und erforderlichenfalls desinfizierbar

so gestaltet und gebaut, dass Verschmutzungen mit den empfohlenen oder betrieblichen Reinigungsmethoden leicht entfernt werden können und erforderlichenfalls eine ausreichende Desinfektion möglich ist

Anmerkung 1 zum Begriff: Die verwendeten Materialien für z. B. Wände, Decken, Böden, Türen sowie Einbauten und Einrichtungsgegenständen müssen gegenüber den verwendeten Reinigungs- und Desinfektionsmitteln und gegenüber Wasser beständig sein.

Mit der Formulierung *„so gestaltet und gebaut"* wird betont, dass die Konstruktion von Nahrungsmittelmaschinen, Anlagen und Geräten so geplant und ausgeführt wird, dass ihre Oberflächen im Lebensmittelbereich gut erreicht werden können und leicht zu reinigen sind. Leicht zu reinigen bedeutet, dass im Betrieb weder der Einsatz von technischen Maßnahmen (Um- und Abbauten) noch zeit- und verfahrensintensive Schritte erforderlich werden, die Zugänglichkeit durch die Konstruktion und Aufstellung erfüllt ist und keine weiteren sicherheitstechnischem Maßnahmen für die Reinigung und ggf. Desinfektion ergriffen werden müssen. In diesem Zusammenhang spricht man auch vom *hygenic design*.

Bei allen Einbauten von Möbeln ist ebenfalls darauf zu achten, dass keine toten Winkel entstehen, die für eine Reinigung unzugänglich sind.

Bei der Gestaltung der Betriebsstätte wie z. B. Türen und Fenster, Decken, Böden und Wände gilt die Anforderung zur Reinigbarkeit und Desinfektion ebenfalls. In Spezialnormen zu Betriebsstätten werden weitere, auf unterschiedliche Belastungen ausgerichtete Materialanforderungen – insbesondere der Böden – in Bezug auf höhere Feuchtigkeitsresistenz, mechanische Beanspruchung, Rutschfestigkeit und Verdrängungsvolumen je nach Funktionsbereich festgelegt. Das kann zu einer differenzierteren Gewichtung zwischen Hygieneanspruch und Arbeitsschutz führen.

3.2.13

rein

aus mikrobiologischer Sicht akzeptabler Zustand von Flächen, Bedarfsgegenständen und Lebensmitteln

Anmerkung 1 zum Begriff: Optisch saubere Flächen, Gegenstände, Hände oder auch Lebensmittel und Produktionsabläufe sind aus mikrobieller Sicht nicht immer „rein" und können in ungünstigen Fällen Anlass für mikrobielle Kreuzkontaminationen sein.

Anmerkung 2 zum Begriff: „Rein" ist daher das optisch nicht feststellbare Ergebnis der Reinigung und Desinfektion beziehungsweise von anderen keimreduzierenden Verfahren (z. B. Waschen, Garprozessen).

Es gibt sehr unterschiedliche Betrachtungsweisen für den Begriff *rein*. Vor allem ist es wichtig, die Abgrenzung zu dem Begriff *sauber* deutlich zu machen, da beide Begriffe im täglichen Alltag nicht immer strikt unterschieden werden. Es gibt im Lebensmittelbereich auch andere sozio-kulturelle und medizinisch begründete Definitionen für *rein*, z. B. aus religiöser Sicht verschiedener Glaubensgemeinschaften oder aus der Sicht der Produktion von Lebensmitteln, die für bestimmte Personen wie z. B. Allergiker frei von definierten Substanzen sein müssen und daher besondere Anforderungen an die Herstellung stellen.

Im Bereich der Lebensmittelhygiene gilt stets die enger gefasste, mikrobiologische Sichtweise, d. h., *rein* ist die Abwesenheit von unerwünschten Mikroorganismen bzw. die *akzeptable* Keimreduzierung ursprünglich *potenziell vorhandener* Mikroorganismen (das heißt, man nimmt an, dass eine Keimbelastung vorhanden ist, ohne diese tatsächlich immer nachzuweisen).

Akzeptabel ist eine Fläche gereinigt, wenn die Zahl der nachzuweisenden vermehrungsfähigen Mikroorganismen unterhalb des für diesen Bereich festgelegten Grenzwertes ist. Während dieser Grenzwert für alle pathogenen (krank machenden) Keime gleich null oder *nicht nachweisbar* festgelegt ist, reicht eine allgemeine Keimreduzierung auf 100 vermehrungsfähige Keime (KbE – Kolonie bildende Einheiten) pro 100 cm^2 Fläche aus. Damit ist auch definiert, dass z. B. Gebrauchsgegenstände in der Küche – im Gegensatz zum pharmazeutischen und medizinischen Verständnis – nicht *steril* sein müssen, was für alle Mikroorganismen die **nachweisliche** Abwesenheit (Nulltoleranz) bedeuten würde.

Wichtig ist aber, dass die für Desinfektionsmittel empfindlichen Hygieneindikatorkeime (meist wird die Gruppe der *Enterobacteriaceen* hierfür herangezogen) nach durchgeführten Desinfektionsmaßnahmen auf *reinen* Flächen und Geräten nicht mehr nachweisbar sind, womit die korrekte Ausführung der Maßnahme nachgewiesen ist. Nachweisbarkeit meint hier, dass eine bestimmte Anzahl von Mikroorganismen in einer vorgegebenen Bezugsgröße (pro 100 cm^2 oder pro 250 ml) nicht mehr gezählt werden konnten.

Man kann *rein* in einer Betriebsstätte aber nicht immer für alle Funktionsbereiche in gleichem Maße definieren. Ein *Reinraum* der Kaltportionierung eines Cook & Chill-Betriebes erfordert einen wesentlich niedrigeren Keimstatus als die klassische Garküche einer althergebrachten Großküche. Für beide Bereiche gilt eine möglichst geringe Keimbelastung nach Reinigung und Desinfektion, der Reinraum macht aber zusätzliche Maßnahmen erforderlich, um diesen Keimstatus auch während der Produktion möglichst konstant und niedrig zu halten.

Die Einbeziehung von Lebensmitteln in die Definition *rein* ist eher ungewöhnlich. Damit wollte der Arbeitskreis zum Ausdruck bringen, dass es auch bei den Lebensmitteln die Gefahr einer Kreuzkontamination zwischen mikrobiologisch belasteten und nicht (mehr) belasteten, also *reinen* Lebensmitteln gibt, die durch geeignete Hygienemaßnahmen minimiert oder gewahrt werden muss. Die Reinheit wird hier auf den produktionsspezifischen, typisch erwartbaren und notwendigen Keimgehalt der Rohstoffe bzw. Produkte bezogen, z. B. auf Kartoffeln nach der Passage einer Kartoffelwaschanlage mit geringerem Potenzial einer mikrobiologischen Kreuzkontamination durch anhaftende Erdkrumenbestandteile.

In der Garküche werden belastete Lebensmittel durch den Erhitzungsvorgang keimarm. Da nicht nur die unerwünschten Mikroorganismen, sondern alle in/auf Speisen vorhandenen Keime gleichermaßen betroffen sind, sind *keimarme* Lebensmittel besonders empfindlich gegenüber mikrobieller Kontamination. Man spricht dann auch von *Rekontamination,* also einer *Wiederverkeimung* (siehe Abschnitt 3.1.27 bis Abschnitt 3.1.29).

In allen Fällen ist *rein* ein gradueller Zustand, der durch Hygienemaßnahmen erreicht wurde und nur durch eine mikrobiologische Untersuchung tatsächlich nachgewiesen werden kann.

Im Alltag geht man aber häufig von der Annahmevermutung aus, dass die durchgeführten Hygienemaßnahmen ausreichend wirksam und erfolgreich sind, wenn die gereinigten Gegenstände und Flächen augenscheinlich sauber sind. Das entbindet aber nicht von regelmäßigen Kontrollen zur Bestätigung dieser ersten Annahme!

Bei Flächen kann man den Erfolg von Reinigungs- und Desinfektionsmaßnahmen mittels Abklatschproben einfach nachweisen. Neben Schnelltests, die man selbst im Betrieb macht und die eine optische Auswertung anbieten, ist es im Rahmen der Eigenkontrollen erforderlich– soweit es der Betriebsgröße angemessen ist –, Abklatschproben mittels z. B. Rodac-Platten und Tupferproben im Labor auf Basis eines Probenahmeplans analysieren zu lassen.

3.2.14

reine Seite

Bereich, in dem aus Gründen der Lebensmittelsicherheit eine niedrige Keimbelastung erforderlich ist, welche durch Aufrechterhaltung eines hohen Hygieneniveaus erreicht werden kann

Anmerkung 1 zum Begriff: Hier finden Produktionsabläufe wie Speisenzubereitung, Garprozesse, Portionieren und Speisenausgabe sowie Lagern und Auftauen von zubereiteten Speisen, Sammeln und Reinigen von verschmutzten Arbeitsgeräten (Küchengerätschaften, Küchenutensilien, küchenseitiges Spülgut), (Topfspüle), Lagern von gereinigtem Geschirr und Bedarfsgegenständen statt.

Alle in der Anmerkung aufgeführten Räume werden zur reinen Seite einer Betriebsstätte gezählt.

Die Zuordnung *rein/unrein* erfolgt aus der Perspektive des Hygieneniveaus, welches zur Herstellung sicherer Lebensmittel erforderlich und in der Betriebsstätte am jeweiligen Ort gegeben sein muss, um eine Rekontamination der Speisen durch äußere Einflüsse möglichst gering zu halten.

Der Funktionsbereich *„reine Seite“* wird daher auch als der *Hygienebereich* bezeichnet. Das bedeutet aber nicht, dass es dort immer zu jedem Zeitpunkt der Herstellung sauber sein kann und muss. Durch die Ausgangsprodukte erfolgt aufgrund der natürlichen Keimflora der Rohstoffe/Primärprodukte ein gewisser unvermeidbarer Keimeintrag in den Produktionsbereich. Am Ende der Produktion muss deshalb der erforderliche Ausgangszustand rein und sauber durch die Basishygienemaßnahmen, in der Regel *Reinigung* und *Desinfektion*, wieder hergestellt werden, um das erforderliche Hygieneniveau für die sich anschließende Herstellung von Lebensmitteln in anforderungsgemäßer Weise aufrechtzuhalten.

3.2.15

sauber

visuell frei von Verschmutzungen

Zu Produktionsbeginn bzw. vor Benutzung müssen Flächen und Geräte sowie Bedarfsgegenstände sauber sein. Sauber sind die Flächen oder Gegenstände dann, wenn weder Schmutz optisch sichtbar, durch Gerüche wahrnehmbar noch durch manuelles Fühlen bemerkbar ist (sogenannte sensorische Sauberkeit).

Auch wenn die Definition zunächst auf die *visuelle Sauberkeit* abhebt, kann man zur Kontrolle der Beseitigung von unerwünschten Produktresten (Eiweiß, Stärke, Fett) den *optisch nicht wahrnehmbaren Reinigungserfolg* mittels Schnelltests messen. Dafür stehen einfache enzymatische Schnelltests zum Nachweis von Eiweißresten oder auch von Resten an gesamter organischer Substanz zur Verfügung. Messbar werden auch organische Schmutz- und Mikroorganismenreste durch den Einsatz eines Nachweistests auf Adenosintriphosphat (ATP).

Der Einsatz von Schnelltests ist insofern wichtig und sinnvoll, da *sauber* die Voraussetzung für eine erfolgreiche, sich anschließende Desinfektion ist, z. B. um eine rasche Inaktivierung der Desinfektionsmittel (Eiweißfehler) zu verhindern und den unnötigen Verbrauch von Bioziden im Sinne der Umweltverträglichkeit und Nachhaltigkeit auf ein Minimum eingrenzen zu können.

3.2.16

Reinigungsmittel

Detergenz und/oder chemisches Mittel, das dazu beiträgt, Verschmutzungen zu entfernen

Chemische Reinigungsmittel werden benötigt, um den Reinigungsprozess zu unterstützen. Insbesondere Verschmutzungen mit Eiweißen, Kohlenhydraten, Fetten und Kalkresten können bei einer Nassreinigung allein nur mit Wasser nicht beseitigt werden.

Reinigungsmittel enthalten daher chemische und/oder biologische Stoffe, die Fett oder Eiweiß quellen, abbauen und/oder lösen können, um diese Substanzen dann mit dem Wasser der Reinigungslösung von der Oberfläche leichter effizient abspülen zu können.

Man bezeichnet diese Stoffe auch als Detergenzien. Dazu zählen Seifen und andere Tenside. Es sind solche Stoffe, die einen Reinigungsprozess erleichtern, indem sie die Grenzflächenspannungen zwischen der zu reinigenden Oberfläche, dem Schmutz und dem Lösemittel Wasser herabsetzen. Das ist insbesondere bei fettigen Verschmutzungen wichtig.

Entsprechend dem Schmutzverhalten gegenüber Wasser wie löslich, quellbar, emulgierbar oder suspendierbar benötigt man chemische und ggf. enzymatische Komponenten in der Reinigungslösung. Zur Reinigung werden daher neutrale, alkalische und saure Reinigungsmittel benötigt.

Neutrale Reinigungsmittel = Detergenzien (pH-Wert: um 7) können sehr gut frische, vor allem fetthaltige Verschmutzungen beseitigen und sollten auch bei empfindlichen Maschinen und Geräten eingesetzt werden.

Alkalische Reinigungsmittel (pH-Wert: 9–14) finden vor allem bei fett- und eiweißreichen Verschmutzungen Einsatz oder bei angetrockneten/eingebrannten Verschmutzungen.

Saure Reinigungsmittel (pH-Wert: 4–0) benötigt man vor allem zum Entfernen von mineralischen Ablagerungen wie bspw. Kalk.

In *Allzweckreinigern* werden Detergenzien mit anderen chemischen Mitteln gemischt, um so ein breiteres Anwendungsspektrum zu ermöglichen. Für eine effektive Reinigung ist der gezielte Einsatz von Reinigungsmitteln, die für die Reinigungsaufgabe optimiert sind, Stand der Technik.

3.2.17

Reinigungsgerät

Maschine, die dazu dient, Verschmutzungen zu entfernen

BEISPIEL Kehrmaschinen, Druck- und Schaumreinigungsgeräte

Die Norm unterscheidet hier auf der Basis dieser Begriffsbestimmung zwischen den Geräten, die man zur Reinigung einsetzt, und den Reinigungsutensilien, die man manuell benutzt (siehe Abschnitt 3.2.18).

Die Geräte können rein mechanischer Bauart sein wie einfache handgetriebene Kehrmaschinen oder mit einem z. B. elektrischen Antrieb versehene Maschinen. Die mechanische Verstärkung eines Reinigungsgerätes kann mittels Bürsten bei einer Kehrmaschine erfolgen oder durch Wasserdruck bei einem Druckreiniger oder in einer Kombination aus beiden Bauarten bestehen.

Zur Optimierung kann auch der zusätzliche Einsatz von Reinigungsmitteln beitragen, die aus Gerätetanks dem Wasser zugesetzt werden oder in Kombination mit einer Luftzumischung zu einer Schaumbildung führen. Schaum kann insbesondere bei vertikalen Flächen dazu beitragen, dass die eingesetzten Reinigungsmittel länger an der Stelle verbleiben (Einwirkzeit) und nicht sofort wieder abfließen.

Reinigungsgeräte sind nützliche Hilfen bei der Reinigung, beinhalten aber auch die Gefahr von Kontaminationen: Kehrmaschinen wirbeln auch Staub auf, Hochdruckreiniger können Schmutzpartikel über Aerosolbildung oder unmittelbar mit dem Spritzstrahl auch auf höher gelegene Oberflächen aufschlagen lassen. Zudem tragen Reinigungsgeräte zur Kontamination mit Mikroorganismen im Betrieb bei, wenn Reinigungsgeräte selbst mit Mikroorganismen kontaminiert sind. Reinigungsgräte müssen deshalb regelmäßig gereinigt und ordnungsgemäß gewartet und instandgehalten werden.

3.2.18

Reinigungsutensil

Mittel, das dazu beiträgt, manuell Verschmutzungen zu entfernen

BEISPIEL Besen, Bürsten, Tücher, Abzieher, Eimer

Im Gegensatz zu den Geräten dienen Reinigungsutensilien unmittelbar zur manuellen Beseitigung von Verschmutzungen. Insbesondere bei der Trockenreinigung benötigt man Besen und Bürsten verschiedenster Bauarten sowie Schaufeln zur Aufnahme des Schmutzes. Schrubber kommen bei der mechanischen Nassreinigung zum Einsatz. Des Weiteren gehören zu den Reinigungsutensilien auch Gegenstände wie auch Topfreinigerschwämme, Tücher aller Art und Eimer zur Aufnahme der vorbereiteten Reinigungslösung, zum Ausspülen von Schwämmen und Lappen und der abschließenden Aufnahme des im Reinigungsvorgang entstandenen Schmutzwassers.

Alle Reinigungsutensilien müssen selbst für den Reinigungsvorgang auch sauber sein bzw. wieder gesäubert werden, müssen trocknen und sachgemäß getrennt von Lebensmitteln aufbewahrt und bei Verschleiß ausgetauscht werden, damit sie nicht selbst zur Quelle von Kontaminationen werden.

Abzieher zählt man auch zu diesen Reinigungsutensilien, obwohl sie meistens erst im Anschluss an den eigentlichen Reinigungsvorgang eingesetzt werden, um das überschüssige Wasser des Nachspülens zu beseitigen, als Hilfe beim Abtrocknen und ggf. auf Böden zur Beseitigung einer Rutschgefahr.

Besonders wichtig sind sie zur Beseitigung von Wasser vor der nachfolgenden Desinfektion, um eine Verdünnung des Desinfektionsmittels und eine damit einhergehende Verminderung der Konzentration und Wirksamkeit zu verhindern. Abzieher müssen daher in besonderem Maße sauber sein!

Benutzte Reinigungsutensilien, die sowohl auf der reinen als auch auf der unreinen Seite einer Betriebsstätte benutzt werden, können zu einer Keimverschleppung beitragen. Um dies zu verhindern, gibt es die Utensilien in verschiedenen farbigen Ausführungen, die die Zuordnung zu den unterschiedlichen Arbeitsbereichen einer Betriebsstätte klar erkennbar machen und Kreuzkontaminationen verhindern helfen.

3.2.19

Desinfektionsmittel

Biozidprodukt, das dazu bestimmt ist, eine Desinfektion zu erzielen

Seit der Veröffentlichung der Verordnung (EU) Nr. 528/2012 (Biozidverordnung) gibt es eine große Gruppe an Stoffen, die als Biozide eingestuft sind. Biozide, die man anwenden will, müssen nach den Vorgaben dieser Verordnung zugelassen sein.

Die Verordnung definiert in Artikel 3 Absatz 1 a) Biozidprodukte als:

> „jeglichen Stoff oder jegliches Gemisch in der Form, in der er/es zum Verwender gelangt, und der/das aus einem oder mehreren Wirkstoffen besteht, diese enthält oder erzeugt, der/das dazu bestimmt ist, auf andere Art als durch bloße physikalische oder mechanische Einwirkung Schadorganismen zu zerstören, abzuschrecken, unschädlich zu machen, ihre Wirkung zu verhindern oder sie in anderer Weise zu bekämpfen"

und

> „jeglichen Stoff oder jegliches Gemisch, der/das aus Stoffen oder Gemischen erzeugt wird, die selbst nicht unter den ersten Gedankenstrich fallen und der/das dazu bestimmt ist, auf andere Art als durch bloße physikalische oder mechanische Einwirkung Schadorganismen zu zerstören, abzuschrecken, unschädlich zu machen, ihre Wirkung zu verhindern oder sie in anderer Weise zu bekämpfen."

Dazu gehören auch Desinfektionsmittel.

Für diese Norm sind darunter zu verstehen:

- Viruzide gegen Viren,
- Bakterizide gegen Bakterien,
- Fungizide gegen Pilze.

Einzelne Wirkstoffe können auch gegen mehrere Schadorganismen wirksam sein oder in Handelspräparaten z. B. zur Händedesinfektion gemischt werden.

Im Lebensmittelbereich werden Alkohole meist zur Händedesinfektion eingesetzt, aber auch zur Zwischendesinfektion (nach Zwischenreinigung) von Geräten und Oberflächen, bei denen die Verwendung von Wasser vermieden werden soll, da Trockenheit von besonderer Wichtigkeit ist. Alkoholische Mittel haben i. d. R. den Vorteil, nach einer vergleichsweise kurzen Zeit verdampft und damit rückstandsfrei verschwunden zu sein.

Flächendesinfektionsmittel für den Lebensmittelbereich basieren oft auch auf anderen Wirkstoffen, z. B. auf quaternären Ammoniumverbindungen.

Bei der Auswahl eines Produktes muss darauf geachtet werden, dass dieses auch für die angestrebte Anwendung geeignet ist. Viele Desinfektionsmittel wirken z. B. nicht oder nur sehr langsam im niedrigen Temperaturbereich oder nur bei Anwendung in höherer Konzentration.

Die Herstellervorgaben, insbesondere in Hinblick auf Konzentration und Einwirkzeit, müssen daher unbedingt beachtet werden.

3.2.20

Einwirkzeit

Zeitspanne, die erforderlich ist, um Verschmutzungen abzulösen und/oder die erforderliche Desinfektionswirkung zu erzielen

Anmerkung 1 zum Begriff: Verschmutzungen abzulösen, bedeutet, je nach Verschmutzungsgrad diese z. B. zu quellen, zu emulgieren.

Die Einwirkzeit ist die Zeit, die erforderlich ist, um eine gesicherte Wirkung zu erzielen. Die Temperatur der Umgebung und in der Reinigungslösung sowie die korrekte Konzentration des Wirkstoffes beeinflussen die Dauer der Einwirkzeit maßgeblich. Ganz allgemein gilt: Je höher die Temperatur in der Lösung und der Umgebung ist, desto besser ist die Wirkung und desto kürzer ist die Einwirkzeit. Allerdings gilt das für Eiweißverschmutzungen nur bis zu einer Temperatur von ca. 50 °C in der Reinigungslösung, da es sonst zu einem gegenteiligen

Effekt durch Denaturierung und Verkrustung von Proteinen auf Oberflächen kommt.

Für die Desinfektion gilt, dass die Einwirkzeit in kalter Umgebung sich deutlich verlängert. Dieser sogenannte Kältefehler ist je nach Desinfektionsmittel unterschiedlich stark ausgeprägt. Die Einwirkzeit ist für jedes Präparat auf dem Behältnis vermerkt. Sie wurde durch Wirksamkeitstests in der Desinfektionsmittelprüfung des Herstellers laboranalytisch bestimmt und wird in der Ergebnisdarstellung als Kombination von Temperatur und Einwirkzeit bei einer gegebenen Konzentration der eingesetzten Desinfektionsmittellösung dargestellt.

3.2.21

Spülverfahren

Aus-, Ab- oder Durchspülen von Lebensmittelkontaktflächen zur Ermittlung des Restkeimgehaltes in der Spülflüssigkeit nach Reinigung und/oder Desinfektion

Anmerkung 1 zum Begriff: Testverfahren, insbesondere zur Überprüfung der Reinigungs- und Desinfektionswirkung an schwer zugänglichen Stellen.

Die Überprüfung des Reinigungs- und Desinfektionserfolges setzt voraus, dass man mit den im Testverfahren vorgesehenen Beprobungsutensilien oder Abnahmematerialien unmittelbar die zu beprobende Fläche berühren kann. Bei Geräten und Maschinen und insbesondere bei allen Schläuchen/Rohren/Gerätetunneln ist das aber nicht immer gegeben. Auch sehr kleine Arbeitsgeräte oder Bauteile von Geräten können nicht mit Tupfern oder Abklatschplatten beprobt werden.

Für alle diese Fälle benötigt man ein Spülverfahren. Wie dieses grundsätzlich funktioniert und welche Anforderungen an ein solches Verfahren zu stellen sind, wurde durch die neue DIN 10546 *Lebensmittelhygiene – Überprüfung der Reinigungs- und Desinfektionswirkung auf Oberflächen mittels Spülverfahren* ergänzend festgelegt. In Abgrenzung zum Nachspülen bei Reinigungs- und Desinfektionsverfahren bezeichnet das „Spülverfahren“ ein Testverfahren zur Überprüfung des Reinigungs- und Desinfektionserfolges **nach** Abschluss der eigentlichen Reinigungs- und Desinfektionsschritte. Im Spülverfahren werden zur Überprüfung die verbliebenen Keime nach abgeschlossener Reinigung und Desinfektion erfasst.

Die Überprüfung des Reinigungs- und Desinfektionserfolges setzt voraus, dass man mit den im Testverfahren vorgesehenen Beprobungsutensilien oder Abnahmematerialien unmittelbar die zu beprobende Fläche berühren kann. Bei Geräten und Maschinen und insbesondere bei allen Schläuchen, Rohren und Gerätetunneln ist das aber nicht immer gegeben. Auch sehr kleine Arbeitsgeräte oder Bauteile von Geräten können nicht mit Tupfern oder Abklatschplatten beprobt werden. Für alle diese Fälle benötigt man ein Spülverfahren. Wie dieses grundsätzlich funktioniert und welche Anforderungen an ein solches Verfahren zu stellen sind, ist in der DIN 10546 beschrieben.

3.2.22

korrosionsbeständiger Werkstoff

Werkstoff, der den üblichen chemischen oder elektrochemischen Beanspruchungen widersteht

Anmerkung 1 zum Begriff: Eingeschlossen sind die Lebensmittelverarbeitung und die Reinigung und Desinfektion entsprechend der Betriebsanweisung.

Die Korrosion ist eine schädliche Beeinträchtigung eines Werkstoffes ausgelöst durch physiko-chemische Prozesse (z. B. Oxidation, Elektrolyse). Sie führt dazu, dass Anteile oder ganze Partikel des Werkstoffs in ein Lebensmittel gelangen können und die Oberfläche eines so beschädigten Werkstoffes nicht mehr einwandfrei gereinigt und desinfiziert werden kann. Durch mechanische Beeinträchtigungen der Oberfläche von Gegenständen und Einrichtungen kann einer Korrosion Vorschub geleistet werden.

3.2.23

haltbarer Werkstoff

Werkstoff, dessen Oberfläche den vorgesehenen Anwendungsbedingungen widersteht

Anmerkung 1 zum Begriff: Zum Beispiel der Zerstörung durch den Herstellungsablauf, dem Kontakt mit dem zu verarbeitenden Produkt, thermischen Einflüssen, dem Umgang und Kontakt mit den vorgesehenen Reinigungs- und Desinfektionsmitteln.

Im Gegensatz zur Korrosionsbeständigkeitsforderung, die eine Beständigkeit gegenüber chemischen und elektrochemischen Einflüssen beschreibt, handelt es sich bei der Forderung eines haltbaren Werkstoffs um die Bestimmung, dass dieser (insbesondere seine Oberfläche bei mehrschichtigem Aufbau) den Einflüssen während der Verwendung in der Produktion selbst widerstehen kann. Hier sind z. B. thermische Einflüsse bei der Herstellung, mechanische Einflüsse beim Mengen, Druckbeständigkeit beim Abfüllen, Beständigkeit gegenüber aggressiven Inhaltsstoffen von Rohzutaten und Lebensmitteln mit wechselnden pH-Werten, deren Wassergehalt, die Einflüsse von Wasser (der Ionenkonzentration) sowie die Beständigkeit gegenüber den voraussichtlich angewendeten Reinigungs- und Desinfektionsmitteln gemeint.

In der Begriffsbestimmung wird mit der Festlegung „vorgesehener Anwendungsbedingungen“ die Forderung insofern eingegrenzt, dass es keinen universalen Werkstoff geben muss (auch nicht geben kann), der alle Anforderungen erfüllt, und die Haltbarkeit der eingesetzten Werkstoffe sich deshalb immer nur auf den vorhersehbaren, bestimmungsgemäßen Gebrauch bezieht und vom Hersteller garantiert werden kann, d. h., hier muss der Betreiber mit dem Hersteller im Vorfeld seine ggf. weitergehendenden Anforderungen klären.

Für die Basishygienemaßnahmen *Reinigung* und *Desinfektion* findet man insbesondere im Lebensmittelhygienerecht die Formulierung, dass Oberflächen *leicht zu reinigen und gegebenenfalls zu desinfizieren* (siehe Abschnitt 3.2.12) sein müssen.

3.3 Begriffe im Zusammenhang mit der Lebensmittelsicherheit

3.3.1

Lebensmittelsicherheit

Sicherstellung, dass ein Lebensmittel die Gesundheit des Verbrauchers nicht beeinträchtigt, wenn es der bestimmungsgemäßen Verwendung entsprechend zubereitet und/oder verzehrt wird

Anmerkung 1 zum Begriff: Gefahren für die Lebensmittelsicherheit können auf jeder Stufe der Lebensmittelkette auftreten.

Anmerkung 2 zum Begriff: Lebensmittelsicherheit darf nicht mit der Verfügbarkeit und/oder dem Zugriff auf Lebensmittel („Sicherung von Lebensmitteln“) verwechselt werden.

Anmerkung 3 zum Begriff: Bezüglich der Einstufung eines Lebensmittels als „nicht sicher" wird auf Artikel 14 der Verordnung (EG) Nr. 178/2002 hingewiesen.

Die Begriffsbestimmung in der DIN 10503 hebt auf die „*Sicherstellung*" gegenüber dem gewählten Begriff „*Zusicherung*" in der Übersetzung zur Original-Begriffsbestimmung zum Lebensmittelrecht im Codex Alimentarius ab.

Diese Definition stammt aus der englischen Version des Codex Alimentarius und wurde auch in der ISO 22000 (englische Fassung) übernommen. Bei der Übersetzung ins Deutsche wurde jedoch bei beiden Werken bisher ein Fehler gemacht, der die gegenwärtige Definition der Lebensmittelsicherheit in beiden untauglich gemacht hat.

Die englische Fassung lautet: „assurance that food will not cause an adverse health effect for the consumer when it is prepared and/or consumed according to its intended use". Das Schlüsselwort hierbei ist „assurance". Ähnlich wie bei dem Begriff „control", das im Englischen eine Reihe unterschiedlicher Bedeutungen haben kann, die ganz unterschiedlich ins Deutsche übersetzt werden (vom „überprüfen", messen", „kontrollieren" im Sinne von „to check" bis hin zum etwas „unter Kontrolle haben", etwas „im Griff haben" im Sinne von „to have, to keep something under control", wie es im HACCP-Kontext gemeint ist) und gerade in der Anfangszeit von HACCP zu einer Vielzahl an Missverständnissen und Fehlern geführt haben, lässt sich auch „assurance" auf verschiedene Weise ins Deutsche übertragen.

So lautet die gegenwärtige Definitionsfassung im deutschen Codex-Text und in der deutschen ISO-Norm: „Zusicherung, dass ein Lebensmittel die Gesundheit des Verbrauchers nicht beeinträchtigt, wenn es der bestimmungsgemäßen Verwendung entsprechend zubereitet und/oder verzehrt wird."

Tatsächlich lässt sich „*assurance that*" auch mit „*Zusicherung, dass ...*" ins Deutsche übersetzen. Das ist hier aber nicht gemeint! Fachlich betrachtet, kann eine „Zusicherung", egal ob mündlich oder schriftlich (Papier ist bekanntlich geduldig), niemals die Lebensmittelsicherheit faktisch gegeben sein lassen oder bewirken.

Nein, was hier im englischen Original gemeint und fachlich auch durchaus korrekt ist, ist das, was die Übersetzung von „*assurance that*" in „Sicherstellung, dass ..." beinhaltet. Da ist ein großer Unterschied zwischen einer Zusicherung und einer Sicherstellung. Es muss sichergestellt werden und sichergestellt sein, dass von dem Lebensmittel kein „*adverse health effect*" usw. ausgeht.

Die vorliegende Norm korrigiert diesen Übersetzungsfehler. Zumindest bei der deutschen Fassung der ISO 22000 wird diese Korrektur im Rahmen der nächsten turnusmäßigen Überarbeitung ebenfalls vorgenommen werden, das Verfahren dazu ist schon auf den Weg gebracht.

3.3.2

Basishygienemaßnahme

Präventivprogramm

PRP, en: prerequisite program

grundlegende Anforderungen und Maßnahmen, die gegeben sein müssen, um die Sicherheit der Lebensmittel auf allen Stufen der Lebensmittelkette sicherzustellen

Anmerkung 1 zum Begriff: Basishygiene umfasst als Komponenten u. a. eine Gute Hygienepraxis und eine Gute Herstellungspraxis.

Anmerkung 2 zum Begriff: PRPs bilden die Grundlage für eine wirksame Umsetzung der HACCP-Grundsätze und sollten bereits vor der Einführung HACCP-gestützter Verfahren eingerichtet worden sein. Die angewandten PRPs müssen der Art und Größe des Betriebs angemessen sein.

Anmerkung 3 zum Begriff: Gemeinsame Maßnahmen, z. B. für Reinigung und Desinfektion, können in einem Präventivprogramm zusammengefasst werden.

Anmerkung 4 zum Begriff: Eine umfassende – aber nicht abschließende – Auflistung von Basishygienemaßnahmen ist der Bekanntmachung der EU-Kommission zur Umsetzung von Managementsystemen für Lebensmittelsicherheit zu entnehmen.

Anmerkung 5 zum Begriff: Zur Definition siehe auch DIN EN ISO 22000.

Der zunehmend gebräuchliche Wechsel von „Basishygiene" zu *Präventivprogramm* begann mit dem Gedanken an ein ganzheitliches Sicherheitsmanagementsystem, an dessen Anfang die ISO 22000 steht. Während in der klassischen Betrachtungsweise hier Basishygiene und dort HACCP standen (wobei auch schon beim Untermann´schen Haus klar war, dass zwar Basishygiene ohne HACCP auskommen kann, nicht aber umgekehrt HACCP ohne ein funktionierendes Fundament an Basishygiene), setzte sich die Erkenntnis durch, dass es ein vielfältig zusammenhängendes Gesamtkonzept ist. Und dass es, zusätzlich zu den klassischen Elementen, sozusagen auch noch etwas dazwischen gibt, nämlich dann, wenn einerseits die „normale" Basishygiene nicht ausreicht, es andererseits keinen echten CCP gibt, dennoch aber relevante, spezifische Gefahren „beherrscht", „gelenkt" („to control" im Sinne von HACCP) werden müssen.

Die Unterscheidung in *Präventivprogramm* (PRP) und HACCP erlaubt begrifflich die Einführung von etwas dazwischen Liegendem, das nicht mehr klassische Basishygiene, aber auch kein „echtes" HACCP ist: das *operative Präventivprogramm* (oPRP, siehe Abschnitt 3.3.12). Diese Begrifflichkeit wurde durch die ISO 22000 eingeführt und später auch in den Ausführungen der Kommission Zitat von 2016, dem sogenannten „Leitfaden", übernommen.

3.3.3

Gute Hygienepraxis

GHP, en: good hygienic practice

Summe der betrieblichen Maßnahmen (inklusive Betriebs-, Produktions- und Personalhygiene), die eine gute Hygiene sicherstellen sollen

Diese präventiven, betrieblichen Maßnahmen beziehen sich nicht auf ein einzelnes Produkt oder eine Produktgruppe, sondern sie betreffen den gesamten Betrieb und bilden das Fundament. Die *Gute Hygienepraxis* ist die Basis an Maßnahmen zur Hygiene, die eingeführt werden, aufrechterhalten werden und gut funktionieren muss, um überhaupt erst in die Lage zu kommen, sichere Lebensmittel zu produzieren. Dabei handelt sich um eine breite, übergreifende und betriebsspezifische Praxis der Hygiene, die die Betriebsstätte, die Produktion und das Personal umfasst.

3.3.4

Gute Herstellungspraxis

GMP, en: good manufacturing practice

Summe der grundlegenden Maßnahmen (bezüglich Produktspezifikation und -hygiene), die die beabsichtigten Produkteigenschaften im Sinne der Lebensmittelsicherheit gemäß Produktbeschreibung sicherstellen sollen

Anmerkung 1 zum Begriff: In der Praxis werden im Zuge des Qualitätsmanagements auch qualitative Aspekte hinzugefügt.

Diese präventiven Maßnahmen betrachten schon mehr einzelne Produkte, deren Herstellungsprozesse und Produktcharakteristika und sollen in ihrer Summe bewirken, dass vonseiten der Basishygiene nicht nur grundsätzlich sichere Lebensmittel produziert, sondern tatsächlich die gewünschten, konkreten Lebensmittel mit den gewollten Eigenschaften unter den gegebenen Bedingungen produziert werden können. Dabei ist hier auch sehr schön die Verzahnung zwischen den PRP und dem HACCP zu erkennen, denn eine hinreichend genaue Produktspezifikation und -beschreibung ist gleichzeitig die notwendige Voraussetzung dafür, dass auf ihrer Basis (und i. d. R. unter Verwendung eines prozessabbildenden Fließdiagramms) eine prozessbegleitende Gefahrenanalyse und Risikobewertung durchgeführt werden kann.

Durch diese Analyse und Darstellung erst können Gefahren und Risiken sichtbar und schließlich auch „beherrschbar“ und „lenkbar“ werden, die als relevante, produktionsspezifische Gefahren und Risiken – auch bei der Annahme eines vollumfänglich installierten und gut funktionierenden Präventivsystems – noch übrig bleiben.

Beispiel hierfür sind bestimmte pathogene Mikroorganismen, die – in Abhängigkeit von der Herkunft des Ausgangsmaterials – in den Herstellungsprozess mit eingebracht werden können *(Pseudomonas sp., Bacillus sp.)* und/oder erst innerhalb desselben zusätzlich entstehen können (z. B. bestimmte Arten von Fremdkörpern).

Einfach weil es sich anbietet, werden auch qualitative Aspekte in der Beschreibung des Sicherheitsmanagementkonzeptes mit abgebildet und betrachtet. Das ist auch durchaus zulässig, auch wenn es natürlich den großen Nachteil mit sich bringt, dass das Konzept insgesamt betrachtet dadurch größer und unübersichtlicher wird, wodurch auch die Wahrscheinlichkeit für Unschärfen und Fehler steigt. Eigentlich sollte man nach dem Grundprinzip vorgehen: so wenig wie möglich, so viel wie nötig, um ein Konzept zu beschreiben, das die Produktion sicherer Lebensmittel garantiert.

Wenn man aber trotzdem andere Aspekte als ausschließlich die der Lebensmittelsicherheit mit in das Konzept aufnimmt, sollte an der Art und Weise, wie das geschieht (z. B. in einer Darstellung über eigene Spalten, Schwere der Auswirkung der „Nicht-Gefahr“ = 0) klar erkennbar werden, dass der verantwortliche Verfasser des Konzeptes/das Lebensmittelunternehmen den Unterschied zwischen „Gefahren“ im lebensmittelrechtlichen Sinne und anderen Aspekten (z. B. Aspekte der Produktion oder Qualitätssicherung) sehr wohl erkannt hat und berücksichtigt.

3.3.5

betriebliche Eigenkontrolle

Verifizierung betrieblicher Maßnahmen, die im Rahmen des Lebensmittelsicherheitskonzeptes vom Lebensmittelunternehmen durchgeführt werden

Anmerkung 1 zum Begriff: Sie dient der systematischen Überwachung von Basishygienemaßnahmen (PRPs, oPRPs) auf deren korrekte Umsetzung und Einhaltung vorgegebener Grenzwerte, z. B. für Lagertemperaturen an Lenkungspunkten (CP, en: control point), oder der Kontrolle der Effizienz einer Maßnahme wie z. B. Reinigung und Desinfektion. Weiterhin sind betriebliche Eigenkontrollen zur Überwachung der CCPs im HACCP-System zu etablieren.

Alle Maßnahmen des Gesamtkonzeptes, die schlussendliche die Lebensmittelsicherheit im Betrieb sicherstellen, müssen regelmäßig auf ihr korrektes, effektives Funktionieren hin überprüft, d. h. verifiziert werden. Dabei darf man aus der Verwendung der Begrifflichkeit *Verifizierung* (6. Prinzip des Codex Alimentarius, siehe Abschnitt 3.3.15) in der Definition keinesfalls den Fehlschluss ziehen, hier seien nur die mit dem HACCP-Anteil zusammenhängenden Maßnahmen gemeint. Nein – auch die Präventivprogramme (Basishygiene) müssen regelmäßig überprüft werden (z. B. der erzielte Reinigungs- und Desinfektionserfolg), damit der Betrieb in seinem ureigensten Interesse sicher sein kann, dass seine Vorkehrungen wie gewünscht greifen und er sich nicht unbemerkt in einer falscher Sicherheit wiegt.

Natürlich sind die Verifizierungen bei den HACCP-basierten Verfahren und operativen Präventivprogrammen, also denjenigen Elementen des Gesamtkonzeptes, die der „Beherrschung, Lenkung" der relevanten, spezifischen Gefahren und ihrer Risiken dienen, von besonders entscheidender Bedeutung. Wenigstens für diese Elemente sollte der Betrieb einen Plan erstellt haben zu den Inhalten, was, wann, wie oft und wie verifiziert werden muss.

Vom Verifizieren abgrenzen muss man das Validieren (siehe Abschnitt 3.3.14), das insbesondere für die Maßnahmen zur Beherrschung (siehe Abschnitt 3.3.13) in aller Regel erforderlich ist, um vor der Installation einer solchen Maßnahme zu belegen, dass sie die „Beherrschung" auch tatsächlich sicherstellen kann. Validieren bedeutet: Tue ich das Richtige. Verifizieren bedeutet: Tue ich es richtig.

3.3.6
Gefahr

en **hazard**

biologisches, chemisches oder physikalisches Agens in einem Lebensmittel oder Futtermittel oder Zustand eines Lebensmittels oder Futtermittels, das oder der eine Gesundheitsbeeinträchtigung verursachen kann

[QUELLE: Verordnung (EG) Nr. 178/2002]

Hier haben wir eine der grundlegenden Rechtsdefinitionen für HACCP-gestützte Gefahren vor uns, die, da sie sich in der Basisverordnung befindet, für HACCP-Systeme und für die Lebensmittelsicherheitskonzepte im europäischen Rechtsgeltungsbereich, deren Komponenten sie sind, verbindlichen Charakter hat.

Bei aller „Flexibilität" im Umgang mit HACCP von Unternehmensseite – auf diese harte rechtliche Definition können sich problemlos behördliche Forderungen und ggf. Rechtsverfügungen stützen, falls ein Unternehmen innerhalb der Beschreibung seiner eigenen HACCP-gestützten Verfahren diesen Definitionsinhalt nicht berücksichtigt.

Gleichzeitig haben wir auch einen der drei wichtigsten Schlüsselbegriffe für das Verständnis von HACCP und der Denkweise der dahinterstehenden Systematik dazu vor uns. Die anderen beiden sind „Risiko" (siehe Abschnitt 3.3.8), ebenfalls in der Basisverordnung verbindlich rechtlich definiert, und „Kontrolle" (engl. „control").

Für letzteren Begriff gibt es im Lebensmittelkontext keine direkte Rechtsdefinition, aber über die ISO 22000 wird über die Definition „Maßnahme zur Beherrschung" (siehe Abschnitt 3.3.13, engl. „control measure") die hier gemeinte fachliche Bedeutung klar beschrieben.

„Gefahr" und „Risiko" im lebensmittelrechtlichen Sinne lassen sich nur schlecht getrennt voneinander kommentieren, da ihre Bedeutung sich jeweils gegenseitig beeinflusst. Deswegen erfolgt die weitere Betrachtung hierzu bei der Kommentierung zum „Risiko" (siehe Abschnitt 3.3.8).

Für die „Kontrolle" sieht das etwas anders aus, sodass die Kommentierung dieser inhaltlichen Begrifflichkeit von den beiden anderen losgelöst unter „Maßnahme zur Beherrschung" (siehe Abschnitt 3.3.13) erfolgt.

Wohlgemerkt – im lebensmittelrechtlichen Kontext. Denn in der normalen umgangssprachlichen Verwendung kommen allen drei Begrifflichkeiten durchaus diverse andere Bedeutungen zu. Darauf kann gar nicht oft genug hingewiesen werden. Darauf wird in Abschnitt 3.3.8 und Abschnitt 3.3.13 näher eingegangen.

Wie auch immer – es ist jedem Konzeptverantwortlichen, jedem Unternehmen dringend anzuraten, nicht nur im Kontext von HACCP, sondern innerhalb der Beschreibung des gesamten Sicherheitskonzeptes die drei genannten zentralen Begrifflichkeiten wirklich stringent und konsequent so zu benutzen (das ist i. d. R. bei den Fließtexten gar nicht so einfach), wie sie im lebensmittelrechtlichen Kontext gemeint sind. Und auch im vollen Bewusstsein, dass das vom normalen Sprachgebrauch abweicht. Je besser und konsequenter diese Systematik eingehalten wird, desto besser ist das schlussendliche Resultat.

Sehr hilfreich dafür ist es, wenn man die drei genannten Begrifflichkeiten (und weitere, siehe unten) im Rahmen der eigenen Konzeptbeschreibung für sich selbst im engeren Sinn verbindlich definiert (Was meint das Unternehmen denn, wenn es von „Gefahr“ oder „kontrollieren“ spricht?).

3.3.7

Gefahrenanalyse

Ermittlung von Gefahren für die Lebensmittelsicherheit, die vermieden, ausgeschaltet oder auf ein akzeptables Maß reduziert werden müssen

[QUELLE: Verordnung (EG) Nr. 852/2004]

Der Wortlaut dieser Definition macht schon eindeutig klar, dass hier nicht oder wenigstens nicht ausschließlich eine prozessbegleitende Gefahrenanalyse gemeint sein kann. Es geht zunächst darum, die vorhersehbaren und relevanten Gefahren selbst zu ermitteln, die relevant sind und im Weiteren „beherrscht“ werden müssen – es geht hier primär nicht darum, bereits diejenigen Prozessschritte zu identifizieren, die geeignet sind, die ermittelten Gefahren im Prozess ausreichend zu „beherrschen“. Das ist eher die Sache der prozessbegleitenden Risikobewertung, bei der geschaut wird, welche aus der Liste der ermittelten, relevanten Gefahren sich an welcher Prozessstufe wie entwickelt und welche Prozessstufe zur „Beherrschung“ geeignet ist (CCP oder ein bzw. mehrere oPRP).

Dennoch sind in der Praxis mehrheitlich Konzepte anzutreffen, in denen trotzdem alle Gefahren umfassend aufgeführt sind. Sie umfassen auch diejenigen, die bereits im Vorfeld unter der Annahme eines gut installierten und funktionierenden PRP-Systems „auf einem akzeptablen Maß“ gehalten werden können. Wenn dann auch noch sämtliche denkbaren PRPs, die in dem Zusammenhang präventiv eine Rolle spielen könnten, nur der Vollständigkeit halber (oder weil ein Auditor eines privaten Standards das so möchte) an jedem einzelnen Prozessschritt aufgelistet werden, wird das Gesamtkonzept sehr groß, unübersichtlich und der fokussierte Blick auf das Wesentliche (nämlich die „Beherrschung" der identifizierten, relevanten Gefahren durch spezifische „Maßnahmen zur Beherrschung", siehe Abschnitt 3.3.13) geht leicht verloren und die Fehleranfälligkeit steigt.

Die Gefahrenanalyse muss die für die Lebensmittelsicherheit relevanten Gefahren ermitteln und Maßnahmen zu deren Beherrschung klar ersichtlich werden lassen.

3.3.8

Risiko

en **risk**

Funktion aus der Wahrscheinlichkeit des Auftretens der Gefahr und der Schwere der Gefahr für die Gesundheit der Verbraucher unter Einbeziehung des voraussichtlichen Gebrauchs des Lebensmittels

Anmerkung 1 zum Begriff: Die Risikoeinschätzung kann für verschiedene Verbrauchergruppen unterschiedlich sein. Die rechtlichen Vorgaben des Artikel 14 der EU VO 178/2002 sind zu beachten.

Diese Definition hier weicht etwas von derjenigen in der Basisverordnung ab, die für Futter- und Lebensmittelunternehmen rechtsverbindlich ist.

Hinweis

Auch die Einhaltung dieser Legaldefinition bei der Konzeptentwicklung und -beschreibung kann behördlicherseits eingefordert und ggf. mit Verfügung durchgesetzt werden.

Die Rechtsdefinition lautet: „‚Risiko' – eine Funktion der Wahrscheinlichkeit einer die Gesundheit beeinträchtigenden Wirkung und der Schwere dieser Wirkung als Folge der Realisierung einer Gefahr."

Damit ist diese Definition nicht nur, wie oben schon erwähnt, der zweite von den drei wichtigsten Schlüsselbegriffen für das Verständnis von HACCP und der Denkweise der dahinterstehenden Systematik, sondern auch von zentraler Bedeutung für den korrekten Umgang mit den ermittelten relevanten Gefahren in der prozessbegleitenden Risikobewertung. Da die Risikodefinition die *Schwere der Wirkung der Gefahr* glasklar unter dem Aspekt „als Folge der Realisierung der Gefahr“ einbezieht, d. h. unter der Annahme, dass die Gefahr über das Lebensmittel den Verbraucher erreicht hat und sich dort realisiert, ist ebenfalls ganz klar, dass diese Gefahr eine Konstante sein muss (Salmonellen sind Salmonellen, eine Glasscherbe ist eine Glasscherbe). Die Schwere der Auswirkung, wenn der Verbraucher das Produkt konsumiert, ist immer gleich, egal auf welcher Prozessstufe und auf welche Weise die Gefahr in das Produkt gelangt ist.

Damit ist eine der beiden Teile, die bei der Funktionsbildung zur Ermittlung der Risikogröße (oft Risikoprioritätszahl genannt) verwendet werden müssen, ein Konstante, nämlich die „*Schwere der Auswirkung*“. Sie ist an allen Prozessstufen gleich und kann nicht mal höher, mal niedriger ausfallen.

Die andere Komponente der Funktion hingegen ist hochvariabel. Beim korrekten methodischen Vorgehen hierzu wird überprüft und eingeschätzt, wie sich die ermittelte relevante Gefahr im Verlauf des Prozesses entwickelt und wie groß sie folglich am Prozessende im fertigen Produkt ist – dort muss sie entweder nicht (mehr) vorhanden sein oder sich zumindest „auf einem akzeptablen Maß“ befinden, d. h., dass der Unternehmer mit diesem Restrisiko mit Blick auf seine Haftung leben, es sozusagen guten Gewissens verantworten und akzeptieren kann. Anderenfalls wäre das Produkt nicht verkehrsfähig, weil potenziell zu „*unsicher*“.

Bei der prozessbegleitenden Risikobetrachtung müssen an jeder Stufe des Prozesses vier Fragen gestellt werden, die sich sehr plakativ als „PIGS“-Methode zusammenfassen lassen:

1) **P**resence: Was ist an dieser Prozessstufe von der betrachteten Gefahr bereits vorhanden (sozusagen als Bürde aus der vorherigen Stufe bereits eingetragen)?
2) **I**ntroduction: Was kommt an dieser Stufe ggf. neu hinzu (Kontamination durch Mitarbeiter, Ausrüstung, Umgebung)?
3) **G**rowth: Kann sich die bereits vorhandene Gefahr an dieser Stelle vermehren (i. d. R. Vermehrung von pathogenen Mikroorganismen aufgrund unzureichender Kühlung, aber z. B. auch Zunahme an kritischen Kohlenstoffverbindungen durch Fehler beim Räuchern)?
4) **S**urvival: Was bleibt am Ende dieser Prozessstufe von der betrachteten Gefahr übrig und wird damit als „presence“ in die nächste Prozessstufe weitergegeben?

Wer der Erfinder dieser plakativen Abkürzung „PIGS“ ist, ist den Verfassern unbekannt. Die Wurzeln hierfür finden sich jedoch in der ISO 22000. Dort heißt es: „8.5.2.2.2 *The organization shall identify step(s) (e. g. receiving raw materials, processing, distribution and delivery) at which each food safety hazard can be present, be introduced, increase or persist.*“

Auch an dieser Stelle muss noch einmal betont werden, dass der Wortgebrauch in der alltäglichen Umgangssprache, sowohl was die Gefahr als auch das Risiko betrifft, erheblich von demjenigen abweicht, der aufgrund der rechtlichen Definitionsinhalte für die Lebensmittelsicherheitskonzepte erforderlich ist und der auch möglichst präzise eingehalten werden sollte. In der Umgangssprache hingegen wäre in ihrer Unschärfe meist das Risiko gemeint, wenn jemand von einer Gefahr spricht, falls man die lebensmittelrechtliche Systematik analog zu übertragen versuchen würde.

Beispiel

Wenn man morgens zu spät das Haus verlässt, dann besteht normalsprachlich die **Gefahr**, dass man z. B. den Bus verpasst, das entspricht aber **nicht** dem lebensmittelrechtlichen Sinn. Denn nicht die „*Gefahr*“, sondern das „*Risiko*“ besteht, dass man den Bus verpasst. Dieses **Risiko** steigt (Eintrittswahrscheinlichkeit), je mehr Verspätung man beim Verlassen des Hauses hat. Die „Gefahr“ dahinter, wenn es sie denn überhaupt gibt (physikalisch, chemisch, mikrobiologisch, allergen, in jedem Falle gesundheitsgefährdend), käme ja durch das resultierende Zuspätkommen zustande. Vielleicht reagiert ja die vorgesetzte Person „allergisch“ auf diese Gegebenheit, aber auch das würde wiederum eine andere Bedeutung haben als die im lebensmittelrechtlichen Sinne. Kurz – wir haben es hier mit einem Risiko zu tun und dieses ist – in gesundheitlicher Hinsicht – ziemlich sicher gering (Schwere der Auswirkung nahe Null, Eintrittswahrscheinlichkeit abhängig vor der Dauer der Verspätung – auch des Busses).

In der hier vorliegenden Risikodefinition wurde, fachlich vollkommen korrekt, aber in Abweichung zur Legaldefinition, „... *unter Einbeziehung des voraussichtlichen Gebrauchs des Lebensmittels*“ hinzugefügt. Selbstverständlich ist der Unternehmer verpflichtet – auch legal –, die unter vernünftigen Umständen vorhersehbare Verwendung des Lebensmittels durch den Verbraucher in seine Überlegungen mit einfließen zu lassen. Das ergibt sich aus Artikel 14 Abs. 3 Buchstabe a) der Verordnung (EU) 178/2002, der Basisverordnung.

3.3.9
Risikobewertung

Betrachtung der Gefahren in Hinblick auf

- die Wahrscheinlichkeit des Eintritts einer die Gesundheit der Verbraucher beeinträchtigenden Wirkung und
- die Schwere dieser gesundheitlichen Beeinträchtigung als Folge der Realisierung der Gefahr

Anmerkung 1 zum Begriff: Je schwerer die Auswirkungen der Gefahr und je wahrscheinlicher ihr Auftreten ist, desto höher ist das Risiko einer gesundheitlichen Beeinträchtigung für den Verbraucher. Umgedreht kann eine potenzielle Gefahr mit einer geringen Wahrscheinlichkeit des Auftretens auch zu einer Bewertung „geringes Risiko" führen.

Anmerkung 2 zum Begriff: Bei der Betrachtung der Risikobewertung kann auch die Wahrscheinlichkeit der Entdeckung mit einbezogen werden.

Anmerkung 3 zum Begriff: Sie umfasst neben den Schritten der Gefahrenanalyse und der Abschätzung der Exposition auch die Risikobeschreibung.

In der Rechtsdefinition des „Risikos" ist leider nicht die Rede von einer Produktbildung, sondern einer „Funktion". Eine Funktion im mathematischen Sinne kann vieles sein.

Theoretisch könnte man den Zahlenwert, mit dem man die Schwere der gesundheitlichen Beeinträchtigung angibt, von demjenigen der Eintrittswahrscheinlichkeit subtrahieren. Auch das wäre mathematisch noch eine Funktion, fachlich natürlich vollkommen sinnfrei.

In der Praxis am häufigsten anzutreffen ist die Produktbildung aus den beiden Zahlenwerten für *Schwere der Auswirkung* und *Wahrscheinlichkeit deren Realisation* beim Verbraucher, da man im ersten Ansatz von einer gewissen Proportionalität ausgehen kann.

Und das ist sicherlich auch der pragmatischste Weg.

Damit wird der erhebliche Unterschied zwischen einer *sehr unwahrscheinlichen* und/oder einer *sehr schweren* Auswirkung bzw. einer *sehr hohen Eintrittswahrscheinlichkeit* am besten verdeutlicht, denn an den resultierenden Zahlenwerten wird im Konzept in aller Regel festgemacht,

- ab welcher Größenordnung erster Handlungsbedarf im Sinne von verstärkter Prävention und
- ab wann der Bedarf für echte „Beherrschungsmaßnahmen“ (CCP, oPRP(s)) gesehen wird,

um garantieren zu können, dass am Ende des Herstellungsprozesses ein sicheres Lebensmittel resultiert.

Oft wird hier der Begriff der Risikoprioritätszahl verwendet.

Die *Entdeckungswahrscheinlichkeit* ist Teil der Betrachtung der *Eintrittswahrscheinlichkeit* und orientiert sich am Stand des Marktgeschehens, d. h., die Einbeziehung der Entdeckungswahrscheinlichkeit ist im Prozess der fortlaufenden Risikobewertung zu beachten und ggf. vor dem Stand aktueller Fallzahlen zu berücksichtigen.

Die Kategorie „*Todesfall und schwere Erkrankung*“ (als Schwere der Gefahr) darf nur in Kombination mit „unwahrscheinlich“ (als Eintrittswahrscheinlichkeit) bewertet werden. Selbst bei einer numerisch geringen Wahrscheinlichkeit eines Todesfalles ist die Grenze – mit Blick auf ein sicheres Lebensmittel für die Endverbraucher – bereits überschritten. Hier gibt es keinen Spielraum in der Risikobewertung.

Die Akzeptanz für sichere Lebensmittel kann nicht durch Annahme einer Fehlertoleranz für fatale Gefahren erreicht werden, das ist nicht zulässig.

3.3.10

HACCP-Verfahren

systematischer Ansatz zur Identifizierung, Bewertung und Beherrschung von Gefahren für die Lebensmittelsicherheit

Anmerkung 1 zum Begriff: Das HACCP-Verfahren beruht auf den sieben Grundsätzen, die vom Codex Alimentarius beschrieben und in der EU Verordnung (EG) Nr. 852/2004 Artikel 5 festgelegt wurden: siehe auch Anhang A.

Anmerkung 2 zum Begriff: HACCP, en: hazard analysis and critical control point.

[QUELLE: Verordnung (EG) Nr. 852/2004, modifiziert – Anmerkung 1 zum Begriff und Anmerkung 2 zum Begriff wurden hinzugefügt.]

Auch bei vollständig installierten und korrekt funktionierenden PRPs, Basishygienemaßnahmen bleiben spezifische Gefahren und deren damit verbundene Risiken übrig, die durch die PRP nicht ausreichend präventiv auf einem annehmbaren Maß gehalten werden können. Diese werden im Rahmen der initialen Gefahrenanalyse und Risikobewertung identifiziert und vom Unternehmer als relevant eingestuft, d. h., der vorgesehene Herstellungsprozess muss dazu in der Lage sein, diese Gefahren durch spezifische Beherrschungs-(„*control*") Maßnahmen (siehe Abschnitt 3.3.13) zu „beherrschen, zu lenken, zu kontrollieren" im Sinne von HACCP (*to get or keep it under control*) und auf diese Weise zu eliminieren oder zumindest auf ein (für den Unternehmer) annehmbares Maß zu reduzieren.

Das HACCP-Verfahren dient diesem Zweck.

Basierend auf

- einer ausreichend genauen Produktbeschreibung,
- dem vorgesehenen Verwendungszweck und

i. d. R. unter Verwendung eines Fließdiagramms (das den Produktionsprozess genau und hinreichend detailliert abbildet) wird nun, indem man konsequent Stufe für Stufe des Herstellungsprozesses durchgeht, ermittelt,

- wie das spezifische Risiko, das von der ermittelten relevanten Gefahr potenziell ausgeht, sich auf dieser Prozessstufe entwickelt (Bleibt es gleich, nimmt es zu, wird es reduziert, was bleibt übrig?)
- und ob diese Prozessstufe erforderlich sowie geeignet ist, die Gefahr so weit zu reduzieren, dass sie im Endprodukt auf einem akzeptablen Maß angekommen ist.

Selbstverständlich dürfen die nachfolgenden Produktionsstufen keinen Wiederanstieg des Risikos zulassen– dafür gibt es ja die gut funktionierenden PRPs, die Grundvoraussetzung.

Das geschieht i. d. R., indem Schritt für Schritt, dem Fließdiagramm sukzessive folgend, überprüft wird, wie sich das Risiko der betrachteten Gefahr auf dieser Prozessstufe entwickelt (auf den Nutzen der PIGS-Methode wurde schon hingewiesen, siehe Abschnitt 3.3.8).

Gleichzeitig wird darauf überprüft, ob und inwieweit sich die jeweilige Prozessstufe dazu eignet, die relevante Gefahr zu „beherrschen/lenken". Das geschieht i. d. R. unter Verwendung eines Entscheidungsbaumes, bei dem unter sukzessiver Beantwortung von ein paar Schlüsselfragen festgestellt wird, ob es sich bei der betrachteten Stufe um einen CCP handelt oder nicht.

Hinweis

Neuere Entscheidungsbaummodelle überprüfen auch daraufhin, dass, wenn kein CCP vorliegt, nicht ggf. ein oPRP vorliegen könnte.

Wenn dem so ist, dann ist damit derjenige Prozessschritt identifiziert, bei dem die Beherrschungs-(„control")Maßnahme installiert werden und greifen muss, um ein sicheres Endprodukt zu garantieren.

Im Codex Alimentarius ist bei der letzten Überarbeitung die Forderung nach einem Entscheidungsbaum gestrichen worden. Als Begründung hierfür wird angeführt, dass Entscheidungsbäume in der Praxis häufig zu mehr Verwirrung als Nutzen geführt hätten. Dem muss klar widersprochen werden. Wenn durch Entscheidungsbäume Verwirrung entstanden ist, dann lag das daran, dass die Entscheidungsbäume bzw. die in ihnen formulierten Fragen fehlerhaft oder nicht eindeutig und präzise genug gestellt wurden.

In der Tat sind in der Praxis viele solcher nicht ganz tauglichen Entscheidungsbäume unterwegs. Und wenn die dann noch dazu hinsichtlich ihrer Fragen nicht absolut und schonungslos ehrlich, sondern ein wenig durch die rosa Brille betrachtet beantwortet werden, ja dann ... dann entsteht Verwirrung.

Aber im Grundsatz bleibt es dabei – ein guter und klar formulierter Entscheidungsbaum ist ein ausgezeichnetes Hilfsmittel und Arbeitswerkzeug zur Darstellung und Überprüfung der Vorgehensweise der Gefahrenanalyse und der Ergebnisse der Risikobewertung, ebenso wie eine ausreichend präzise Produktbeschreibung eine notwendige Voraussetzung zur Erstellung eines guten HACCP-Verfahrens ist.

Die Verwendung von beiden ist unbedingt anzuraten.

3.3.11

kritischer Lenkungspunkt

CCP, en: critical control point

Schritt im Prozess, an dem (eine) Maßnahme(n) zur Beherrschung angewendet wird (werden), um eine durch die Risikobewertung als relevant eingestufte Gefahr für die Lebensmittelsicherheit zu eliminieren oder auf ein annehmbares Maß zu reduzieren, und (ein) definierte(r) Grenzwert(e) und Messungen die Anwendung von Korrekturen ermöglichen

Anmerkung 1 zum Begriff: CCP wird in der VO (EG) Nr. 852/2004 als „kritischer Kontrollpunkt" übersetzt.

[QUELLE: DIN EN ISO 22000:2018-09, 3.11, modifiziert – „verhindern" durch „eliminieren" ersetzt, Anmerkung 1 zum Begriff wurde hinzugefügt.]

Der kritische Lenkungspunkt „lokalisiert" den definierten Schritt im Herstellungsprozess, der der klassischen, spezifischen Maßnahme zur Beherrschung, Lenkung („control" im HACCP-Sinn) einer relevanten Gefahr dient bzw. dienen muss. Relevante Gefahren können auch bei vollständiger Implementierung und störungsfreier Anwendung von PRP übrig bleiben.

In einem älteren Muster-Entscheidungsbaum, der zur Identifizierung eines CCP im Prozess dienen sollte und der von vielen Unternehmen verwendet wurde, war eine der Fragen, ob dieser Prozessschritt speziell dafür *designed* war, die Gefahr an diesem Prozessschritt zu eliminieren oder auf ein akzeptables Maß zu reduzieren. Richtiger wäre gewesen, zu fragen, ob der Prozessschritt *„geeignet"* dafür wäre bzw. ist, denn die andere Frage hat natürlich zu Verwirrung und zu Fehlern geführt. Beispiel: Kontrolle der aseptischen Befüllung an einer Getränkefüllanlage: Natürlich ist die Anlage für den bestimmungsgemäßen Gebrauch *designed*, jedoch ist die Frage, ob die Maßnahme am CP wirksam ist, die relevante Gefahr einer sekundären Kontamination durch Verpackungsmaterial im Abfüllvorgang wirksam zu minieren.

Klar ist dagegen: Ein Koch kocht das Essen nicht, um damit vegetative, pathogene Mikroorganismen abzutöten, sondern um ein gutes Essen zuzubereiten. Ebenso wenig backt ein Bäcker sein Brot, um diese Mikroorganismen abzutöten, sondern um es zu backen. Trotzdem, beide Erhitzungsschritte aus diesen Beispielen sind dazu geeignet, diese Mikroorganismen sicher zu inaktivieren. Und wenn diese vorher eine Gefahr in den Ausgangsstoffen des Prozesses sein konnten, dann sind sie es nach diesem Erhitzungsschritt nicht mehr.

3.3.12

operatives Präventivprogramm

oPRP, en: operational prerequisite program

Maßnahme zur Beherrschung oder eine Kombination von Maßnahmen zur Beherrschung mit dem Zweck der Prävention oder Reduktion einer relevanten Gefahr für die Lebensmittelsicherheit auf ein annehmbares Maß, wobei ein Handlungskriterium und eine Messung oder Beobachtung eine wirksame Steuerung des Prozesses und/oder des Produkts ermöglichen

Anmerkung 1 zum Begriff: Wenn in Folge der Risikobewertung für eine relevante Gefahr kein CCP definiert werden kann, sollte auf oPRPs zurückgegriffen werden.

[QUELLE: DIN EN ISO 22000:2018-09, 3.30, modifiziert – „signifikante" durch „relevante" ersetzt und Anmerkung 1 zum Begriff hinzugefügt.]

Wie die CCP gehören auch die oPRPs zu den spezifischen Maßnahmen zur Beherrschung (siehe Abschnitt 3.13, „control" im HACCP-Sinne). Sie sind immer dann erforderlich, wenn bei der Gefahrenanalyse und Risikobewertung spezifische Gefahren trotz vollständig installierten und funktionierenden PRPs als übrig bleibend identifiziert sowie als weiterhin relevant eingestuft wurden und wenn zur Beherrschung dieser Gefahren (bzw. von deren Risiken) kein wirklicher CCP im Sinne der Definition identifiziert werden kann.

Von den normalen PRPs unterscheiden sich die oPRPs also dadurch, dass sie nicht (wie die PRPs) allgemein betriebsbezogen sind, sondern in Hinblick auf ein ganz bestimmtes Produkt(-Gruppe) bzw. einen ganz bestimmten Herstellungsprozess eingesetzt werden, um allein oder in Kombination mit anderen oPRPs die identifizierte Gefahr – trotz Fehlen eines CCP – zu beherrschen bzw. zu lenken.

Wie ein CCP sein *critical limit* benötigt, so ist auch beim oPRP ein greifbares Kriterium erforderlich, das die Unterscheidung zwischen akzeptabel und nicht akzeptabel ermöglicht. Allerdings muss dieses Kriterium sich nicht notwendigerweise direkt objektivierend und prozessbegleitend messen lassen.

In der Bekanntmachung der Kommission 2016/C 278/01, gemeinhin „Leitfaden" genannt, findet sich eine Anlage 4. Auf diese sei hier besonders hingewiesen, da sie eine sehr schöne und übersichtliche tabellarische Zusammenstellung der Gemeinsamkeiten und Unterschiede von PRP, oPRP und CCP bietet. Diese weist, im Gegensatz zu vielen anderen Teilen des Leitfadens, keinerlei sprachliche oder methodische Ungenauigkeiten auf und kann vorbehaltlos empfohlen werden.

Neben den an anderer Stelle erläuterten Übertragungsfehlern von englischen Worten, die im Deutschen mehrfache und unterschiedliche Bedeutung haben können (siehe Abschnitt3.3.1 „assurance“ und Abschnitt 3.3.13 „control“) und wo die Fehler in der deutschen Fassung schlicht auf unrichtige Übersetzung zurückzuführen sind, findet sich ein solcher Fehler auch hier. Die Modifikation in der Zitatangabe weist darauf hin.

Das englische „signifikant“ wird i. d. R, das heißt in den meisten Fällen, mit „bedeutend“, „groß“, „wichtig“, „bedeutsam“ ins Deutsche übertragen. Daneben kann es, je nach Kontext, „erheblich“, „wesentlich“, „maßgeblich“, „charakteristisch“, „kennzeichnend“ und einiges mehr bedeuten.

In wenigen Fällen, wenn nämlich der Kontext passt, da es im Text in irgendeiner Weise um Statistiken geht, ist auch die Übersetzung mit „signifikant“ möglich, wobei dieses Verbum im Deutschen in jedem Zusammenhang im erweiterten wissenschaftlichen Kontext immer im Sinne von „statistisch signifikant“ gebraucht wird, quasi als Synonym.

Bei der Übertragung der ISO 22000 vom Englischen ins Deutsche (ebenso wie bei der Übertragung des Codex Alimentarius und der Bekanntmachung der EU von 2016) wurde immer dann, wenn im englischen Text die Rede von „significant“ ist, bei der Übertragung aus der Vielzahl an möglichen Entsprechungen ausgerechnet „signifikant“ ausgewählt – der Fehler zieht sich durchs Dokument und taucht an verschiedenen Stellen auf, wo immer wieder die Rede von „signifikanten Gefahren“ ist. Dabei hat das alles rein gar nichts mit Statistiken zu tun – es geht hier um die Gefahren, die der Unternehmer im Rahmen seiner Gefahrenanalyse identifiziert und auch, trotz optimal laufendem Präventivprogramm, als wichtig, bedeutend, wesentlich usw. einschätzt und die folglich eine „Beherrschung, Lenkung“ („control“ im HACCP-Sinne) benötigen.

In dieser Norm wurde für „significant“ durchgehend die Übersetzung „relevant“ gewählt, um zum Ausdruck zu bringen, dass die Gefahrenanalyse nicht statistische im Sinne des deutschen Sprachgebrauches in Erwägung zieht, sondern vernünftigerweise vorhersehbare, tatsächlich eintretende Gefahren ermittelt und einbezieht. Bei der nächsten turnusmäßigen Überarbeitung der ISO 22000 wird auch dort eine entsprechende Anpassung erfolgen.

3.3.13

Maßnahme zur Beherrschung

Handlung oder Tätigkeit, die entscheidend ist, um einer durch Risikobewertung als relevant eingestuften Gefahr für die Lebensmittelsicherheit vorzubeugen, diese zu verhindern oder auf ein annehmbares Maß zu reduzieren

Anmerkung 1 zum Begriff: (Eine) Maßnahme(n) zur Beherrschung wird (werden) nach der Gefahrenanalyse und Risikobewertung ermittelt.

[QUELLE: DIN EN ISO 22000:2018-09, 3.8, modifiziert – Englische Fassung der Definition wurde angepasst übernommen, die beiden Anmerkungen zum Begriff gestrichen und Anmerkung 1 zum Begriff hinzugefügt.]

Die ISO 22000 gibt hier den Goldstandard vor, indem sie nicht nur innerhalb der Wortwahl ihres Textes, sondern auch auf Definitionsebene klar zwischen den normalen, betriebsbezogenen und präventiven Basishygienemaßnahmen (PRPs) und den spezifischen Maßnahmen unterscheidet, die der „Beherrschung, Lenkung" einer identifizierten relevanten Gefahr dienen, also den CCPs und oPRPs.

In der Neufassung des Codex Alimentarius ist diese ursprünglich auch dort zu findende Unterscheidung nicht mit der gleichen Konsequenz vorgenommen worden, sondern hier ist dem Sinne nach noch die Rede davon, dass bei leichteren Gefahren auch „control" durch Maßnahmen der Guten Hygienepraxis (GHP) möglich ist. Obwohl im Weiteren schon erkennbar wird, dass die hier gemeinten GHP-Maßnahmen solche sind, die von der ISO-Systematik als oPRP eingestuft werden würden (dieser Begriff findet sich im Codex nicht), ist diese nun fehlende Unterscheidung schon aus methodisch-didaktischen Gründen durchaus misslich.

In der Bekanntmachung der Kommission wird in dieser Hinsicht – abgesehen von der sehr guten Anlage 4, auf die bereits hingewiesen wurde (siehe Abschnitt 3.3.12) – dies überhaupt nicht unterschieden.

Es wird auch hier noch einmal der Rat gegeben, beim Abfassen des eigenen Sicherheitskonzeptes bei der Wortwahl sauber zwischen den präventiven PRPs und den spezifischen Maßnahmen zur Beherrschung (oPRPs, CCPs) zu unterscheiden und die Begrifflichkeiten „beherrschen", „lenken" nur im Kontext zu CCPs und/oder oPRPs zu verwenden und Missverständnisse schon im Vorfeld auszuschließen.

3.3.14

Validierung

Erbringung eines objektiven Nachweises, dass die für eine Maßnahme spezifizierten Anforderungen ihren Zweck erfüllen

Anmerkung 1 zum Begriff: Die Validierung sollte für die Festlegung der Maßnahmen im Vorfeld und bei jeder maßgeblichen Änderung einer Maßnahme erfolgen.

Sowohl CCPs als auch oPRPs bedürfen zwingend der Validierung. Da es sich jeweils um die spezifischen Beherrschungsmaßnahmen handelt, die eine identifizierte Gefahr in den Griff bekommen (beseitigen oder auf ein annehmbares Maß reduzieren) sollen – und da somit die Sicherheit des fertigen Produktes von ihnen abhängt –, muss man zweifelsfrei wissen, dass die gewählte(n) spezifische(n) Maßnahme(n) auch wirklich geeignet ist (sind), um die Gefahr zu beherrschen. Die Validierung dient dazu, dies für das spezifische Verfahren objektivierbar nachzuweisen.

Das heißt natürlich nicht, dass jedes Unternehmen jeden von ihm eingesetzten CCP oder oPRP aufwendig selbst validieren muss. Wenn es gesicherte, wissenschaftliche Erkenntnisse gibt oder z. B. Validierungsuntersuchungen von einem Hersteller oder Lieferanten für eine Maschine, Anlage eines wirksam werdenden Ausgangsstoffes zur Verfügung stehen bzw. gestellt werden, können diese Validierungsdaten selbstverständlich herangezogen werden. Auch ist das Ausmaß der eigenen Aufwendungen, falls solche notwendig werden, stark davon abhängig, wie weit das individuell gewählte *critical limit* bzw. Differenzierungskriterium von den jeweils in der Literatur oder anderweitig zur Verfügung stehenden Validierungsdaten und Rahmenbedingungen abweicht.

Beispiel

Thermische Inaktivierung von pathogenen Mikroorganismen

Hier kann die gesicherte Temperatur-/Zeiteinwirkungsrelation von 72 °C für 2 Minuten (Kerntemperatur) herangezogen werden (DIN 10508). Niemand käme ernsthaft auf die Idee, diese geübte Praxis anzweifeln zu wollen. Wenn man das Backen eines Brotes gleichzeitig als thermischen CCP auffasst, bei dem im Teig ggf. ursprünglich vorhandene vegetative Pathogene sicher inaktiviert werden – dazu ist sowohl die zum Backen benötigte Temperatur als auch die erforderliche Zeit für den erfolgreichen Backprozess weit oberhalb von den 72 °C und den 2 Minuten – oder wenn der Hersteller aufgrund seiner Untersuchungen garantiert, dass ein Produkt eines gegebenen Kalibers in seiner Maschine auf eine Umgebungstemperatur von 92 °C hochgeheizt wird und im Produktkern 72 °C für deutlich mehr als 2 Minuten erreicht werden, kann der Betreiber der Maschine durchaus diese validen Prozessdaten heranziehen – er muss dann im Rahmen des Monitorings dieses CCP nur noch die Umgebungstemperatur-Zielmarke (hier 92 °C) überprüfen und dokumentieren, dass diese im Betrieb tatsächlich erreicht wurde.

Wenn aber der Prozess so ausgelegt und gesteuert wird, dass die Vorgaben 72 °C, 2 Minuten im Kern gerade mal eben erreicht werden (z. B. weil sonst Qualitätseinbußen im Produkt erwartet werden), dann ist schon der chargenbezogene Nachweis erforderlich, dass dieses sichere *critical limit* auch jedes Mal sicher erreicht wurde. Oder wenn aus prozesstechnischen Gründen abweichend im Garprozess eine andere Temperatur-Zeit-Kombination gewählt wird, für die keine gesicherten produktspezifischen Validierungsdaten vorliegen, ist es erforderlich, die Validierung für diese Maßnahme im Vorfeld selbst durchzuführen.

Da sich die Validierung jeweils auf ein konkretes (Produktions-)Verfahren bezieht, muss bei Änderung im Prozess, Abweichungen oder bekanntgewordenen Zwischenfällen die Validierung erneut durgeführt werden.

3.3.15

Verifizierung

Erbringung eines objektiven Nachweises, dass eine Maßnahme die spezifizierten Anforderungen erfüllt

Anmerkung 1 zum Begriff: Im Kontext von HACCP bedeutet Verifizierung, dass die vorgesehenen Maßnahmen für die Beherrschung der Gefahr zweckdienlich sind und dass das HACCP-System ordnungsgemäß funktioniert.

Verifiziert, d. h. unter den konkreten Prozessbedingungen in ihrer Wirksamkeit belegt, müssen alle Maßnahmen werden, die im Rahmen eines Sicherheitsmanagementkonzeptes erforderlich sind bzw. die zum Erfolg des Konzeptes beitragen sollen. Bei den spezifischen Maßnahmen zur Risiko-Beherrschung (CCP, oPRP(s), siehe Abschnitt 3.3.13) ist das sowieso selbstverständlich, zumal das 6. Codex-Prinzip die Verifizierung ja ausdrücklich adressiert.

Aber auch die Basishygienemaßnahmen, die normalen PRPs, bedürfen der Verifizierung, denn wenn sie nicht gut implementiert sind und im Alltag auch gut wirksam funktionieren, dann fehlt die Ausgangsplattform für erfolgreiche HACCP-gestützte Verfahren. Die Frage kann hier höchstens sein, mit welcher Häufigkeit bzw. Untersuchungsdichte die PRPs im Rahmen des Eigenkontrollkonzeptes überprüft, verifiziert werden. Die einfache Faustregel ist, dass, je kritischer ein (Teil-)Versagen einer Managementmaßnahme, spezifische Beherrschungsmaßnahme oder PRP für die letztendlich resultierende Produktsicherheit sein kann, desto häufiger muss diese verifiziert werden.

Mikrobiologische Untersuchungen, seien es Produkt- oder Abklatsch- und Umgebungsuntersuchungen, sind fast immer Untersuchungen im Rahmen der Verifizierung – eine Ausnahme wäre z. B., wenn ein Hersteller von tiefgefrorenem Hackfleisch die Charge erst freigibt, nachdem eine mikrobiologische Untersuchung das Freisein von Salmonellen bestätigt hat (*hold and test*). Solch eine Untersuchung könnte man auch als oPRP auffassen, da sich eine Maßnahme zur Beherrschung der Gefahr analog eines CPs einsetzen lässt.

Ansonsten sind nahezu alle Eigenkontrolluntersuchungen, die auf Stichproben beruhen (und damit nur mehr oder weniger wirklich zutreffend Schlüsse auf die Grundgesamtheit zulassen), Maßnahmen der Verifizierung. Das beginnt mit der Wareneingangskontrolle, wenn ein Unternehmen ab und an eine Teilprobe untersuchen lässt, um zu überprüfen, dass die vom Lieferanten garantierten Eigenschaften (z. B. Freisein bzw. Maximalgehalte von bestimmten Chemikalien) auch tatsächlich eingehalten werden.

3.3.16

Rückverfolgbarkeit

Möglichkeit, ein Lebensmittel oder Futtermittel, ein der Lebensmittelgewinnung dienendes Tier oder einen Stoff, der dazu bestimmt ist oder von dem erwartet werden kann, dass er in einem Lebensmittel oder Futtermittel verarbeitet wird, durch alle Produktions-, Verarbeitungs- und Vertriebsstufen zu verfolgen

Anmerkung 1 zum Begriff: Neben der zitierten Definition aus der Verordnung (EG) Nr. 178/2002 wird auf weitere Definitionen der Rahmenverordnung (EG) Nr. 1935/2004 sowie des Codex Komitees für Grundsatzfragen und einschlägige ISO-Normen hingewiesen.

Anmerkung 2 zum Begriff: Die Rückverfolgbarkeit umfasst in der Regel den Bezug und die Abgabe von Waren an Dritte.

[QUELLE: Verordnung (EG) Nr. 178/2002, modifiziert – Anmerkung 1 zum Begriff und Anmerkung 2 zum Begriff wurden hinzugefügt.]

Anders, als es der Wortlaut dieser Definition selbst erwarten lässt, begründet der Artikel 18 der Verordnung (EG) 178/2002, der die EU-weit geltenden Anforderungen an die Rückverfolgbarkeit festlegt, keine wirkliche Forderung nach einer Rückverfolgbarkeit durch alle Produktions-, Verarbeitungs- und Vertriebsstufen. Rechtlich gefordert (und von der zuständigen Behörde demzufolge einforderbar) sind lediglich „ein Schritt vorwärts – ein Schritt zurück“ – von welchem Unternehmen wurde wann wie viel von welcher Ware bezogen und an welche Unternahmen wurde wann was in welcher Menge geliefert (die Abgabe an Endverbraucher ist ausdrücklich ausgenommen). Für einige Lebensmittel (tierischer Herkunft, Sprossen) gelten etwas erweiterte Vorgaben.

Insbesondere die Anmerkung 1 zum Begriff weist darauf hin, dass der Codex sowie die ISO-Normen, insbesondere die ISO 22005, weitere Vorgaben enthalten, die natürlich nicht rechtsverbindlich sind. Sie sind auch, einschließlich der ISO 22005, mehr eine Listung dessen, was Rückverfolgbarkeitssysteme alles berücksichtigen und beinhalten können, als vielmehr Vorgaben, was enthalten sein sollte.

Deshalb an dieser Stelle die Empfehlung (die sich in diesem Falle mit den Forderungen sämtlicher privaten Standards deckt), dass ein Unternehmen unbedingt ein System der internen Rückverfolgbarkeit installiert und regelmäßig verifiziert, welches die bezogenen Rohstoffe (inkl. Verpackungsmaterialien etc.) durch die Produktionsprozesse hindurch bis zu den resultierenden Endprodukten chargengenau nachverfolgen lässt. So lässt sich in dem Fall, dass tatsächlich mal eine Rücknahme, ein Rückruf fällig werden sollte, der entstehende Schaden möglichst weitgehend begrenzen.

Anhang A (normativ) Basishygienemaßnahmen (PRPs) und HACCP-Grundsätze

A.1 Geschichtliche Entwicklung des HACCP-Verfahrens und des Managementsystems zur Lebensmittelsicherheit

In den 60er Jahren wurde das Hazard Analysis Critical Control Point (HACCP) System in den USA entwickelt und 1971 erstmals veröffentlicht. Es war als Konzept zur Gewährleistung eines sehr hohen Lebensmittelsicherheits-Standards für die Herstellung von Astronauten Verpflegung in gemeinschaftlicher Arbeit von der Pillsbury Company, den U.S. Army Natick Research and Developement Laboratories und der National Aeronautics and Space Administration (NASA) entwickelt worden. Mit der Übernahme der Konzeption in den Codex Alimentarius 1961 wurde das HACCP-Konzept mit seinen Grundprinzipien, die auch heute noch gelten, verallgemeinert und zur breiten Anwendung gebracht. 1993 übernahm die Europäische Kommission das Grundprinzip der Gefahrenanalyse und Beherrschung der Gefahren an Kritischen Lenkungspunkten in die Hygiene-Richtlinie. 1997 veröffentlichte die Bundesregierung die neue Lebensmittelhygieneverordnung (LMHV) und damit auch die Verpflichtung der Lebensmittelunternehmen, ein System zur Lebensmittelsicherheit nach den HACCP-Grundsätzen einzurichten. Seit dem Inkrafttreten der Verordnung (EG) Nr. 852/2004 über Lebensmittelhygiene ist die Anwendung des HACCP-Verfahrens in allen Mitgliedstaaten der Europäischen Union in gleicher Weise vorgeschrieben.

Untermann et.al. publizierten 1997 das „Züricher Hygienehaus“. Dort waren die Begriffe Hygiene der Betriebsstätte als Fundament und Gute Hygienepraxis als Säulen eines Hauses beschrieben worden, die das Dach des HACCP-Systems tragen. Auch der Titel „Bekanntmachung der Kommission zur Umsetzung von Managementsystemen für Lebensmittelsicherheit unter Berücksichtigung von PRPs und auf die HACCP-Grundsätze gestützten Verfahren einschließlich Vereinfachung und Flexibilisierung bei der Umsetzung in bestimmten Lebensmittelunternehmen“ weist auf die verstärkte Bedeutung der Basishygiene hin. Die Europäische Kommission greift darin Inhalte der DIN EN ISO 22000 für den Aufbau von Managementsystemen zur Lebensmittelsicherheit auf. Als wesentliche Komponenten gelten in diesem

Zusammenhang eine Gute Hygienepraxis, eine Gute Herstellungspraxis, HACCP-gestützte Maßnahmen und ein betriebliches Eigenkontrollsystem zur Überwachung der genannten Komponenten.

Es werden Hygienemaßnahmen und PRPs für alle Bereich der GHP und der GMP beschrieben, die als Grundlage zur Umsetzung der HACCP-Grundsätze dienen. Diese werden als Basishygienemaßnahmen bezeichnet. Zur Einhaltung der Basishygiene sind ebenso wie zum HACCP-System betriebliche Eigenkontrollen ein- und durchzuführen, zu bewerten und zu dokumentieren.

In der praktischen Umsetzung des HACCP-Systems können die identifizierten Gefahren nicht immer durch CCPs eliminiert oder auf ein akzeptables Maß gesenkt werden. Mit der ergänzenden Definition und Einführung von oPRPs (organisatorischen Basishygienemaßnahmen) kann eine Kontrolle von derartigen Gefahren für die Lebensmittelsicherheit in den Erzeugnissen oder in der Verarbeitungsumgebung etabliert werden. Das Ziel der oPRPs ist die Wahrscheinlichkeit des Auftretens, des Überlebens oder der Verbreitung der erkannten, aber nicht durch CCPs beherrschbaren Gefahren im Vorfeld und während der Produktion zu reduzieren.

Anfänglich war die vorherrschende Linie, dass es zwei grundsätzlich verschiedene – nennen wir es – Komponenten gab. Nämlich die Basishygiene (jetzt der PRP-Bereich) als basale und erforderliche Grundlage (conditio sine qua non, im Untermann'schen Hygienehaus das Fundament mit tragenden Säulen) einerseits und darauf aufgesattelt dann HACCP (das Dach des Hauses) zur Beherrschung der verbleibenden – *Gefahren?*

Nein! Sondern zur Beherrschung der durch diese Gefahren von den Lebensmitteln ausgehenden *Risiken* (und damit natürlich auch der Gefahren selbst) für den am Ende der Kette stehenden Konsumenten des Produktes.

Dieses Produkt muss – im lebensmittelrechtlichen Sinne – zwingend „sicher" sein, d. h., die Gefahr (siehe Rechtsdefinition – das Agens oder der Zustand, das/der eine Gesundheitsgefahr bedeutet) muss komplett eliminiert oder, da das ja nicht immer geht, auf ein *„annehmbares Maß"* reduziert werden, damit der Lebensmittelunternehmer dazu bereit ist und auch sein kann, in Anbetracht der von ihm veranlassten Maßnahmen zur „Beherrschung" der Gefahr, das verbleibende Restrisiko im Endprodukt zu akzeptieren und ggf. auch mit allen Konsequenzen zu verantworten.

In der Praxis stellte sich bald heraus, dass diese hier Basishygiene-, dort HACCP-Trennung nicht immer funktionierte und so nicht wirklich umgesetzt werden konnte.

Einerseits, weil es Bereiche gibt, für die sich kein streng an den 7 Codex-Prinzipien gemessener CCP definieren lässt, wie z. B. beim Schlachtband, bei dem es im Rahmen der Gefahrenanalyse und Risikobewertung in mikrobiologischer Hinsicht sehr wohl eine Reihe von relevanten Risiken gibt, sich aber auch beim besten Willen kein CCP aufspüren und installieren ließe (in einigen EU-Ländern wird das anders gesehen). In Großbritannien ist z. B. die Sauberkeit des Schlachttierkörpers ein CCP. Wobei sich aus hiesiger Sicht die Frage nach dem Codex-Prinzip Nr. 3, d. h. *critical limit*, stellt: Wie lange ist ein Schlachttierkörper sauber bzw. ab wann ist er es nicht mehr?

Andererseits, weil es Produkte gibt, die in der Praxis, am Markt schon lange bewiesen haben, dass von ihnen als Endprodukt offenbar kein großes Gesundheitsrisiko auszugehen scheint, obwohl in ihrem Herstellungsprozess zwar Maßnahmen zur Reduzierung der spezifischen Gefahr (z. B. Salmonellen, Listerien) eingebaut und kontrolliert durchgeführt werden, aber kein den harten Codex-Prinzipien standhaltender CCP vorhanden oder erkennbar wäre und installiert werden könnte. Zu nennen wären hier Produkte aus dem Rohwurst- und Rohschinkenbereich.

Mit der ISO 22000 wurde dem schließlich Rechnung getragen, indem zwischen den originären *Basishygienemaßnahmen (Präventivprogramme, PRP)* und den echten, den Codex-Prinzipien standhaltenden CCP als quasi dritte Möglichkeit die Implementierung von *operativen Präventivprogrammen (oPRP)* eingeführt wurde.

Während die PRPs betriebsbezogen betrachtet werden und der allgemeinen Prävention und Reduktion der von Gefahren ausgehenden Risiken dienen, haben CCPs und oPRPs gemeinsam, dass sie als spezifische Kontroll- (Lenkungs-, engl. „control") Maßnahmen dazu dienen, im Rahmen des Sicherheitsmanagements diejenigen Gefahren (bzw. die von ihnen ausgehenden Risiken) zu „beherrschen", d. h. zu eliminieren oder auf ein annehmbares Maß zu reduzieren, die auch bei Implementierung und Betrieb eines guten PRP-Systems noch übrig bleiben. Das sind die vom Unternehmen im Rahmen seiner Gefahrenanalyse und Risikobewertung erkannten und benannten spezifischen Gefahren.

Die ISO 22000 setzt hier einen Goldstandard, weil sie von der Denksystematik und auch im Hinblick auf die konsequente Nutzung der Begrifflichkeiten eine sehr klare und in sich nicht widersprüchliche Linie verwirklicht.

Beim neu überarbeiteten Codex Alimentarius ist das so nicht immer der Fall. Einiges dort Geschriebene ist ziemlich interpretationsfähig und -bedürftig und die Systematik ist in sich auch nicht in allen Punkten stimmig (die Überarbeitung ist allerdings zum Zeitpunkt dieser Kommentarerstellung auch noch nicht endgültig abgeschlossen).

Das trifft in noch größerem Umfang auf die Bekanntmachung der Kommission zur Umsetzung von Managementsystemen für Lebensmittelsicherheit unter Berücksichtigung von PRPs und auf die auf HACCP-Grundsätze gestützten Verfahren einschließlich Vereinfachung und Flexibilisierung bei der Umsetzung in bestimmten Lebensmittelunternehmen von 2016 zu, „Leitfaden" genannt.

Dieser EU-Leitfaden enthält zwar die Behauptung der EU Kommission, dass ihr Dokument sowohl mit dem Codex Alimentarius als auch mit der ISO 22000 kompatibel sei, aber zumindest im Hinblick auf die ISO-Norm trifft das in mehreren Bereichen nicht zu. Zudem enthält dieser EU-Leitfaden im Hinblick auf HACCP methodische und systematische Fehler, auf die im Folgenden an passender Stelle hingewiesen werden wird.

Was in jedem Falle jetzt vorausgesetzt werden darf, ist, dass inzwischen allgemein anerkannt wird, dass Basishygiene (PRP) nicht nur die notwendige Voraussetzung für HACCP ist, sondern dass hier eine direkte Verzahnung zwischen beidem besteht – es gibt nicht hier PRP und dort HACCP, sondern es ist, wenn es funktionieren soll, ein in sich zusammenhängendes und aufeinander abgestimmtes Sicherheitsmanagementsystem.

A.2 Übersicht über rechtliche Grundlagen

Die rechtliche Umsetzung der Anforderungen zur Lebensmittelhygiene erfolgt insbesondere mit der Verordnung (EG) Nr. 852/2004 Lebensmittelhygiene. Diese Verordnung bestimmt die Anforderungen für die erforderlichen Lebensmittelhygiene-Maßnahmen, die jedes Lebensmittelunternehmen erfüllen muss.

Nach Artikel 4 Absatz (3) treffen Lebensmittelunternehmer gegebenenfalls folgende spezifischen Hygienemaßnahmen:

a) Erfüllung mikrobiologischer Kriterien für Lebensmittel;

b) Verfahren, die notwendig sind, um den Zielen zu entsprechen, die zur Erreichung der Ziele dieser Verordnung gesetzt worden sind;

c) Erfüllung der Temperaturkontrollerfordernisse für Lebensmittel;

d) Aufrechterhaltung der Kühlkette;

e) Probennahme und Analyse.

Artikel 4 Absatz (3) b ist die Grundlage für die erforderlichen Basishygienemaßnahmen, um die Anforderungen der Verordnung zu erfüllen. In Anhang II der Verordnung sind diese Grundvoraussetzungen der Basishygiene ausgeführt. Der Umfang der erforderlichen Maßnahmen richtet sich dabei nach der Art des Unternehmens und den Lebensmitteln, die in dem Unternehmen hergestellt oder/und behandelt werden.

Artikel 5 der Verordnung verpflichtet Lebensmittelunternehmer, ein oder mehrere ständige Verfahren, die auf den HACCP-Grundsätzen beruhen, einzurichten, durchzuführen und aufrechtzuerhalten.

Für kühlbedürftige und kühlpflichtige (Tiefkühlware) Lebensmittel müssen die Vorgaben der Verordnung (EG) Nr. 852/2004 zur Einhaltung der Kühlkette und die Verordnung über tiefgefrorene Lebensmittel (TLMV) und zusätzlich für Lebensmittel tierischer Herkunft die Anforderungen der Verordnung (EG) Nr. 853/2004 beachtet werden.

Weitergehende Anforderungen finden sich allgemein und für einzelne Lebensmittel auch in den nationalen Vorschriften wie beispielsweise dem Lebensmittel- und Futtermittelgesetzbuch (LFGB), der Lebensmittel-Hygieneverordnung (LMHV) und der Tierische Lebensmittel-Hygieneverordnung (Tier LMHV). Für manche Betriebsarten und die Herstellung bestimmter Lebensmittel sind weitere Rechtsvorschriften zu beachten.

Insbesondere Artikel 4 (als Grundlage für die PRP) und Artikel 5 (als Grundlage für HACCP) sowie Anhang I (Primärproduktion) und Anhang II (aller über die Primärproduktion hinausgehende gewerbliche und organisierte Umgang mit Lebensmitteln oder den Vorstufen dazu) bilden die Quelle für den wesentlichen Rechtsrahmen, in dem sich die Tätigkeit des Lebensmittelunternehmers bewegt.

Was in der Kurzübersicht dieser Norm fehlt, ist der Hinweis auf die Basisverordnung (EG) Nr. 178/2002, welche die Basis nicht nur für die Verordnung (EG) Nr. 852/2004, sondern auch für alle weiteren Normen im lebens- und futtermittelrechtlichen Kontext legt. Sie legt zudem mit den Artikeln 18 und 19 die Grundlagen für die Rückverfolgbarkeit und Sicherstellung effizienter Rückrufsysteme.

In Artikel 3 enthält diese Verordnung dazu eine ganze Reihe von bedeutsamen Rechtsdefinitionen für Begrifflichkeiten, die, da es sich ja um die EU-weite

Basisverordnung handelt, im lebens- und futtermittelrechtlichen Kontext **verbindlich** sind (leider wird das von den in der Praxis handelnden Personen oft übersehen oder es ist ihnen schlicht nicht ausreichend bekannt).

Es wurde bereits darauf hingewiesen, wie wichtig und vorteilhaft es ist, bei der Konstruktion und der Wortwahl beim Erstellen eines Sicherheitsmanagementkonzeptes möglichst stringent und sauber bei den definierten Begrifflichkeiten zu bleiben, auch wenn hier oft eine Abweichung vom normalen, alltäglichen Sprachgebrauch vorliegt. Die beiden Rechtsdefinitionen aus Artikel 3 der Verordnung (EG) Nr. 178/2002, die in diesem Zusammenhang besonders hervorzuheben sind, sind diejenige für „Gefahr“ (siehe Abschnitt 3.3.6) und diejenige für „Risiko“ (siehe Abschnitt 3.3.8).

A.3 Grundsätzlicher Aufbau eines Managementsystems zur Lebensmittelsicherheit

Bei einem Managementsystem für Lebensmittelsicherheit handelt es sich um ein ganzheitliches System, das aus Präventions- und Notfallvorkehrungen sowie Eigenkontrollen besteht und dem Zweck dient, die Lebensmittelsicherheit und -hygiene in einem Lebensmittelunternehmen sicherzustellen (siehe Bild A.1) Ein Managementsystem für Lebensmittelsicherheit sollte als praktisches Instrument betrachtet werden, mit dem sich der Prozess der Lebensmittelproduktion und die entsprechende Produktionsumgebung beherrschen und sichere Produkte sicherstellen lassen.

DIN EN ISO 22000 beschreibt den Aufbau und Umfang eines solchen Managementsystems zur Lebensmittelsicherheit. Danach sollte das Managementsystem zur Lebensmittelsicherheit folgende Komponenten umfassen:

- Hygienemanagement für eine Gute Hygienepraxis (GHP);
- Hygienemanagement für eine Gute Herstellungspraxis (GMP);
- Verfahren eines betrieblichen Eigenkontrollsystems zur Überwachung des Hygienemanagements;
- Verfahren und Kommunikation zur Gewährleistung der Rückverfolgbarkeit und Sicherstellung effizienter Rückrufsysteme;
- HACCP-gestützte Verfahren.

Der Kern eines Lebensmittelsicherheitsmanagementsystems besteht sicherlich aus der Basishygiene (GHP + GMP), den HACCP-gestützten Verfahren sowie dem betrieblichen Eigenkontrollsystem, das, anders in der Reihenfolge als hier dargestellt, besser an letzter Stelle aufgeführt werden sollte, da dieses Eigenkontrollsystem sich nicht nur auf die Basishygiene beschränkt, sondern Elemente aller vier anderen Spiegelstriche umfasst und letztendlich auch die Überprüfung der Funktion bzw. Funktionsbereitschaft (bei Rückverfolgbarkeit und Havariekonzept) sicherstellen soll.

Der vierte Spiegelstrich – Rückverfolgbarkeit und Ereignismanagement/ Havariekonzept – wird in vielen gegenwärtig in der Praxis anzutreffenden Systemen nicht in das Ganze integriert, sondern (wenn überhaupt) separat betrachtet. Das hat seine Ursache sicherlich zu einem nicht unwesentlichen Teil darin, dass der vierte Spiegelstrich nicht auf der Rechtsgrundlage-Verordnung (EG) Nr. 852/2004 (Art. 4 und 5) beruht, sondern direkt auf die Basisverordnung (EG) Nr. 178/2002 zurückgeht, sodass er sozusagen in einen anderen Bereich gehört als die Elemente Basishygiene und HACCP. Ja, man kann das so sehen, aber es ist weder zwingend noch sinnvoll.

Die andere Ursache – artverwandt – liegt wohl darin, dass die Formulierung der rechtlichen Grundlagen in der Verordnung (EG) Nr. 178/2002, Art. 18 und 19 durch ihre Formulierungen nur wenig Konkretes bieten, was einer zuständigen Behörde die Möglichkeit bieten würde, von einem Lebensmittelunternehmer in ihrem Zuständigkeitsbereich ein wirklich taugliches System abzuverlangen: Rechtlich tragend begründete und damit im Zweifel vor Gericht durchsetzbare Forderungen für die Rückverfolgbarkeit bestehen nur in „ein Schritt vorwärts, einer zurück“.

Und für das Ereignismanagement sieht es noch düsterer aus: Nur die Pflicht zur aktiven Information der zuständigen Behörde in Fällen, bei denen die Lebensmittelsicherheit bedroht sein ***könnte***, kann eingefordert werden (und selbst diese ist vielen Unternehmen nicht bekannt oder ausreichend gegenwärtig).

In der Folge kann von behördlicher Seite ein wirklich zur Schadensminimierung taugliches Rückverfolgbarkeitssystem nicht rechtsverbindlich eingefordert werden. Man kann es als Behörde dem Unternehmen dringend empfehlen, aber verbindlich fordern kann man es nicht.

Wie oben bereits gesagt – beim Ereignismanagement, Havariekonzept sieht es noch düsterer aus. Konkrete Vorgaben hierfür zu machen und diese auch durchzusetzen, dafür reicht die eigentlich in der Kernforderung sehr harte, aber wenig konkrete Rechtsbasis des Artikels 19 nicht aus. Allein die Pflicht des Unternehmens, proaktiv die zuständige Behörde unverzüglich in Kenntnis zu setzen, wenn es zum Schluss kommen sollte, ein von ihm verantwortetes Lebensmittel ***könnte*** die Verbraucher gefährden, kann eingefordert und im Falle der Nichtbeachtung mit Bußgeldern im Rahmen von Ordnungswidrigkeitsverfahren belegt werden. Oft – den Erfahrungen aus der Praxis nach – kommt das nicht vor.

In diese Lücke gesprungen sind die privaten Zertifizierer:

- Kein Standard, der nicht ein funktionierendes internes Rückverfolgbarkeitssystem einfordert und Fristen benennt, innerhalb derer die benötigten Informationen vom Unternehmen bereitgestellt und geliefert werden können müssen.
- Kein Standard, der nicht verlangt, dass sich die Unternehmen im Vorfeld von Ereignissen/Krisen bereits Gedanken darüber machen, was denn im Falle des Falles geschehen müsste – wer muss informiert werden, wer entscheidet worüber und wie wird es umgesetzt –, und das auch verbindlich in definierten Handlungsabläufen festlegen.
- Kein Standard, der nicht zumindest für die Rückverfolgbarkeit verlangt und im Rahmen von Audits auch überprüft, ob das System auch tatsächlich funktioniert. Und dabei vom Unternehmen verlangt, dass ein verbindlicher Zeitraum festgelegt ist (i. d. R. 4 Stunden), innerhalb dessen die notwendigen Informationen zur Verfügung gestellt werden müssen (beim Abprüfen des Ereignismanagements besteht oftmals noch Optimierungspotenzial).

Keine Frage – das zählt eindeutig zu den ganz gewichtigen Punkten, bei denen die Einführung der privaten Standards die Unternehmen gut vorangebracht haben, über das rechtlich geforderte Maß hinaus und in ihrem ureigenen Interesse.

Die Krone hat auch diesmal wieder die ISO 22000 auf. In der von ihr durchdachten und formulierten Systematik sind Rückverfolgbarkeitssystem und Ereignis-/Krisenmanagement beides integrale Bestandteile des gesamten Sicherheitsmanagementkonzeptes und somit auch integrale Bestandteile des Eigenkontrollkonzeptes, das im Rahmen von Audits abgeprüft werden muss.

Und so sollte es auch sein. Nicht nur Basishygiene und HACCP, sondern auch Rückverfolgbarkeit und Ereignis-/Krisenmanagement müssen regelmäßig überprüft und verifiziert werden. Gerade im „Falle des Falles“ ist das reibungslose Funktionieren beider Komponenten von ganz wichtiger Bedeutung.

PRPs bilden die Grundlage und sind die Voraussetzung für eine wirksame Umsetzung der HACCP-Grundsätze und ein funktionierendes HACCP-System und sollten daher bereits vor der Einführung der HACCP-gestützten Verfahren etabliert werden.

Basishygienemaßnahmen umfassen neben anderen Verfahren die Gute Hygienepraxis und die Gute Herstellungspraxis und legen die vorgeschriebenen hygienischen Anforderungen an die räumlichen und technischen Ausstattungen sowie Personalhygiene, Reinigung und Desinfektion, Schädlingsbekämpfung usw. fest.

PRPs umfassen auch z. B. Maßnahmen zur Trennung von Arbeitsgängen und Produktionslinien und zur allgemeinen Regelung der Temperatur und Luftfeuchte von Arbeits- und Lagerräumen.

Die Basishygieneprogramme sind damit geeignet, geringe und allgemeine Risiken auf einem akzeptablen Maß zu halten. Mittlere und hohe Risiken sind durch oPRPs (operative Präventionsprogramme) bzw. kritische Kontrollpunkte (CCPs) zu kontrollieren. Als oPRPs werden PRPs bezeichnet, die an den Produktionsprozess geknüpft sind. Ähnlich wie CCPs umfassen auch oPRPs messbare bzw. sichtbare Kriterien bzw. Grenzwerte (einschließlich Monitoring, Aufzeichnungen und Korrekturmaßnahmen). Für die oPRPs wurde im Rahmen der Gefahrenanalyse festgestellt, dass sie zur Kontrolle von Gefahren für die Lebensmittelsicherheit in den Erzeugnissen oder in der Verarbeitungsumgebung unerlässlich sind, da sie die Wahrscheinlichkeit des Auftretens, des Überlebens oder der Verbreitung dieser Gefahren beeinflussen. Im Gegensatz zu CCPs sind sie jedoch nicht in der Lage, die Gefahren vollständig zu eliminieren oder auf ein akzeptables Maß zu senken.

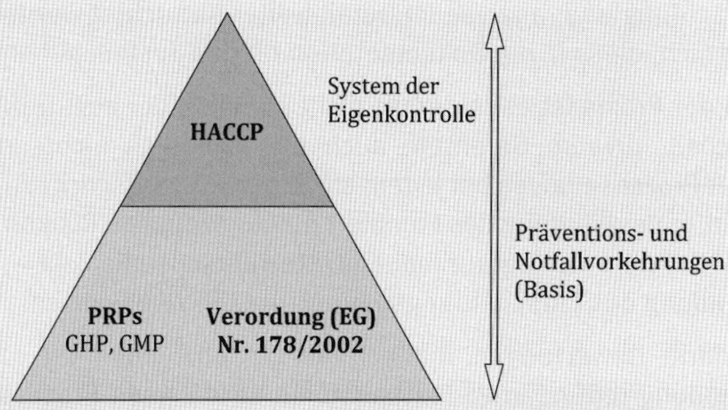

Bild A.1 — Schema Managementsystem zur Lebensmittelsicherheit

Jedes Lebensmittelunternehmen muss durch angemessene Kontrollen und deren Dokumentation sicherstellen, dass die rechtlichen Anforderungen zur Basishygiene und, soweit erforderlich, zur Einhaltung der Kühlkette und zur Durchführung eines Verfahrens nach dem HACCP-Konzept durchgeführt werden.

In diesem Abschnitt wird, auch schon in der Wortwahl, der grundsätzliche Unterschied zwischen Basishygienemaßnahmen (PRPs) und den „Kontroll"-Maßnahmen im Sinne eines (erweiterten – oPRP) HACCP-Konzeptes (klassisch – CCP) gut deutlich.

So sollte es eigentlich sein und gehandhabt werden: Bei der Durchführung der Gefahrenanalyse und der dazugehörenden Risikobewertung geht das Unternehmen davon aus (und darf auch davon ausgehen!), dass es über gut geeignete PRPs verfügt, die auch erfolgreich implementiert wurden und betrieben werden.

Diese Gefahrenanalyse und der Prozess der Risikobewertung (siehe Abschnitt 3.3.7) erfordert nicht immer zwingend eine detaillierte Betrachtung des Herstellungs-, Produktionsprozesses, sondern berücksichtigt wissenschaftliche Erkenntnisse, Erfahrungswerte, Literatur- und eigene produktionsspezifische Erfahrungswerte etc., um das Risiko der potenziellen, verbliebenen Gefahren zu bewerten, die auch bei einem – gut funktionierenden PRP-System – auftreten können. Wird durch Maßnahmen ein akzeptables Maß der Lebensmittelsicherheit erreicht, sind diese „Rest-"Gefahren nicht „relevant" (siehe Abschnitt 3.3.11, Abschnitt 3.3.12 und Abschnitt 3.3.13) und können vom Lebensmittelunternehmen im Rahmen seiner unternehmerischen Verantwortung „akzeptiert" und toleriert werden. Sie müssen folglich auch nicht im Rahmen einer Prozessbetrachtung und -analyse im Detail weiter betrachtet werden. Dennoch empfiehlt es sich, diese in die Dokumentation für das System aufzunehmen.

Theorie – in der Praxis ist es leider oft nicht so. Viele der anzutreffenden Systeme versuchen, diverse Gefahren, auch die eigentlich nicht „relevanten", innerhalb der Prozessanalyse bei jedem einzelnen Prozessschritt zu betrachten und (meist unter Verwendung des komplett durchgezogenen Risikobewertungsverfahrens – Schwere der Gefahr mal Eintrittswahrscheinlichkeit –, teils sogar unter Verwendung des Entscheidungsbaums für CCP) zu bewerten.

Das gipfelt darin, Bewertungen, Maßnahmen etc. abzuleiten, die dann oftmals unter Verwendung redundanter Textbausteine an diversen Prozessstufen auftauchen und zum Teil sogar als „Kontroll"-/„Beherrschungs"-/„Lenkungs"-

Maßnahmen bezeichnet werden. Dadurch werden die ausgearbeiteten Systeme nicht nur in den Begrifflichkeiten entwertet, sondern natürlich auch erheblich, manchmal bis hin zur Unüberschaubarkeit aufgebläht. Gleichzeitig wird so der Blick auf die für die Produktsicherheit zentralen HACCP-Elemente, die echten „Beherrschungs"-/„Lenkungs"-Maßnahmen verstellt.

Als Grund dafür, warum das so gehandhabt wird, wird oft genannt, dass die Auditoren, Zertifizierer der privaten Standards das so verlangen würden, denn auf jeder Prozessstufe müssten ja Maßnahmen benannt werden ...

Es muss hier klar gesagt werden: Ein Sicherheitsmanagementsystem besteht aus mehreren Komponenten (siehe oben und Bild A.1). Alle sind wichtig und sollten ausreichend detailliert beschrieben sein, inkl. vorgesehener Überprüfungsmethoden und Maßnahmen zur Prävention, bei Abweichung usw. Sie sollten auch regelmäßig im Rahmen des Eigenkontrollsystems verifiziert werden. Dazu gehören auch alle Elemente der Basishygiene (die von Unternehmen installierten PRPs) und die Rückverfolgbarkeitssysteme und Vorkehrungen für Ereignis- und Krisenmanagement.

Aber: Das hat alles nichts mit HACCP zu tun!

Denn, wenn eine Gefahr im Rahmen der Gefahrenanalyse als „nicht relevant" (d. h. auf oder unter einem akzeptablen Maß) eingestuft wurde, weil sie mit den installierten PRPs ausreichend in Schach gehalten werden kann, dann muss diese Gefahr im Rahmen der detaillierten Prozessbetrachtung und -analyse nicht mehr berücksichtigt werden (man kann das tun – Flexibilität –, aber dann sollte man auf eine klare Trennung bzw. Abgrenzung von den „relevanten" Gefahren achten).

Wenn eine Gefahr bzw. deren Risiko im Endprodukt, auch bei korrekter Installation und Funktion der PRPs, als „relevant", d. h. nicht auf akzeptablem Maß reduziert, erkannt wurde, dann ist das HACCP-System notwendig und erforderlich, um diese spezifische Gefahr „in den Griff zu bekommen", zu „beherrschen", zu „lenken" („control"). Eigentlich geschieht das immer so, dass unter Verwendung eines geeigneten Fließdiagramms, welches den Produktionsprozess ausreichend genau und hinreichend detailliert abbildet, i. d. R. unter Verwendung eines Entscheidungsbaums jede einzelne Prozessstufe nacheinander systematisch danach abgesucht wird, ob sie zur „Beherrschung" geeignet ist.

Mit dem Ergebnis, dass das resultierende Endprodukt durch die „Beherrschungsmaßnahme(n)" (siehe Abschnitt 3.3.13) „sicher" (siehe Abschnitt 3.3.1) hergestellt, produziert wird und am Ende „sicher" ist.

Damit ist man bei einem dritten Schlüsselbegriff im Rahmen des Verstehens der Funktion von HACCP angelangt: neben Gefahr und Risiko vielleicht der wichtigste, die Begrifflichkeit des englischen Wortes „control“ im Rahmen von HACCP bzw. des Sicherheitsmanagementkonzeptes. Was ist bzw. bedeutet „control“?

Bei der Übertragung ins Deutsche besteht das Problem darin, dass auch dieser Begriff im Englischen eine Vielzahl von möglichen Bedeutungen im Deutschen ausdrücken kann. Dabei ist „control“ im Sinne von HACCP im Codex Alimentarius über die Bedeutungsbeschreibung eigentlich sehr klar belegt (wenn auch nicht definiert – eine Definition findet sich wiederum im Goldstandard, der ISO 22000). Trotzdem wurde und wird der Begriff im Vergleich zum gemeinten Sinn oft falsch übersetzt oder in der Praxis angewendet.

Zu Beginn, als nach 2006 die ersten HACCP-Konzepte entwickelt wurden, wurde „control“ noch oft mit „check“ gleichgesetzt – irgendetwas, das man messen, überprüfen, checken, „kontrollieren“ kann. Die Temperatur bei der Wareneingangskontrolle z. B., wenn ein Stichthermometer in die kühlpflichtige Ware gesteckt wird. So ist aber das „control“ im HACCP nicht gemeint.

„To get or keep the hazard under control“ – darum geht es: Eine vom Unternehmer als relevant erkannte spezifische Gefahr, die ohne die „control“-Maßnahme nicht beherrscht, nicht im Griff wäre.

Das Verständnis von „control“ reicht also weiter: durch diese Maßnahme die Gefahr unter Kontrolle zu bekommen. An genau dieser Stelle (CCP) im Produktionsprozess ist der Punkt, an dem die Gefahr „gelenkt“, „in den Griff bekommen“, „unter Kontrolle gebracht“ wird, vorausgesetzt, dass der CCP korrekt betrieben wird. HACCP beinhaltet zwar auch, dass an dieser betreffenden, als CCP eingestuften Prozessstufe eindeutig und irrtumsfrei gemessen und geprüft werden kann. Aber das beruht auf dem Codex-Prinzip Nr. 4 – „monitoring“ – und nicht auf dem „control“.

Dieser Fehler wird heutzutage nur noch selten gemacht. Stattdessen ist aber ein anderer, oben schon angesprochener, in der Praxis weit verbreitet: ein falsches wording im Zusammenhang mit „control“; Formulierungen wie z. B. „die Gefahren werden mit Basishygienemaßnahmen beherrscht/gelenkt“. Was ja impliziert, dass man mit normalen PRP „control“ ausüben könne, es aber im Sinne des Sicherheitssystems nicht kann.

Dieser Fehler findet sich nicht zuletzt auch an gleich mehreren Stellen im EU-Leitfaden von 2016, mit der wenig erstaunlichen Folge, dass er von dort aus in diverse Dokumente, Systeme von Lebensmittelunternehmen ausstrahlt.

Warum ist es ein Fehler, davon zu reden, mit normalen PRPs Gefahren zu „beherrschen“?

„Hazard“ bzw. die „Gefahr“ ist nach der Definition (siehe Abschnitt 3.3.6) ein „Agens in einem Lebensmittel“ bzw. „Zustand eines Lebensmittels“, also im Sinne von HACCP ganz eindeutig produktbezogen (ggf. auch produktgruppenbezogen). Damit sind auch die sieben Prinzipien (siehe Anhang A 5.1), also das gesamte HACCP-System, das mit dieser „Gefahr(en)“-Analyse beginnt, produktbezogen.

Normale PRPs hingegen sind betriebsbezogen, sie dienen nicht spezifisch der Sicherheit eines Produktes im Hinblick auf eine spezifische, im Rahmen von Gefahrenanalyse und Risikobewertung als relevant eingestufte Gefahr, sondern der insgesamten, grundlegenden und vorbeugenden Gefahrenprävention und dem Sicherheitsmanagement im gesamten Betrieb.

Man macht nicht Schädlingsbekämpfung oder Reinigungs- und Desinfektionsmaßnahmen im Betrieb, um eine ganz bestimmte Wurstsorte oder Backware vor Schädlingen zu schützen usw., sondern um den gesamten Betrieb und alle seine Produkte präventiv zu schützen und damit den Beitrag zum Sicherheitsmanagement insgesamt zu leisten.

Mit einfachen Basishygienemaßnahmen „beherrscht“/„lenkt“ man nicht. Das geht im Sinne von HACCP nur mit spezifischen Gefahrenabwehrmaßnahmen (siehe Abschnitt 3.3.13), also mit den klassischen CCPs und/oder, seit es die ISO 22000 gibt, mit einem oder einer Kombination von oPRPs. Der ursprüngliche Codex Alimentarius, auf den das Ganze zurückgeht, handhabte die Beschreibung und die Wortwahl durchaus korrekt, auch wenn leider die Definition für „control“ fehlt. Diese findet sich in der hier vorliegenden Norm (siehe Abschnitt 3.3.13), sie geht direkt zurück auf die ISO 22000.

Wo sie sich nicht wiederfindet, diese Unterscheidung im Wording zwischen Basishygiene und HACCP im Hinblick auf das „control“, das „Beherrschen von Gefahren“, ist im Leitfaden der EU-Kommission. Dieser stellt im Vorwort die Behauptung auf, sowohl mit dem Codex als auch mit der ISO-Norm kompatibel zu sein. Mitnichten! Zumindest in dieser Hinsicht nicht (das ist auch nicht der einzige Fehler, siehe unten).

Es ist jedem Unternehmen bzw. dem für das Lebensmittelsicherheitsmanagementkonzept Verantwortlichen unbedingt anzuraten, innerhalb der Beschreibung des Konzeptes die notwendige Unterscheidung vorzunehmen und „control“, „beherrschen, lenken“ nur im Zusammenhang mit CCP und/oder oPRP als Begrifflichkeit zu verwenden.

PRP sind Präventions- bzw. auch Managementmaßnahmen und als solche immanent wichtig (und das auch, ohne dass die privaten Standards das einfordern würden). Aber sie sind eben kein „control“. Wird diese Unterscheidung eingehalten, dann zeigt das, dass die entsprechende Denke angekommen ist. Wird sie nicht eingehalten, ist sie im Zweifel nicht angekommen. Das beeinträchtigt die Qualität des Systems im Ganzen und führt zu Fehlern, wie sich in der Praxis immer wieder hat feststellen lassen.

Die zusätzlichen Anforderungen für eine Gute Herstellungspraxis ergeben sich aus der Speisenproduktion/Herstellung von Lebensmitteln auf der Basis des betriebseigenen Rezepturenstammes und dazugehörigen Zutatenlisten.

Die betrieblichen Eigenkontrollen dienen zur Überwachung der Einhaltung dieser zusätzlichen Anforderungen und der festgelegten Hygienemaßnahmen. Die Durchführung und die Ergebnisse müssen dokumentiert und ausgewertet werden.

Dieser Text ist, ebenso wie die Grafik, kurz, prägnant und insgesamt durchaus richtig, wobei die in der betrieblichen Umsetzung jeweils erforderlichen und resultierenden Maßnahmen und Systeme sehr stark unterschiedlich ausfallen können und müssen, je nachdem, welche Produkte hergestellt werden.

Nach Auffassung der Europäischen Kommission gehören weiterhin zu einem Managementsystem zur Lebensmittelsicherheit die organisatorischen Maßnahmen zur Rückverfolgung und ggf. der Warnung und des Rückrufs von Produkten.

Die Kommission hat sich hier dankenswerterweise der Sichtweise insbesondere der ISO 22000 angeschlossen. Auch wenn innerhalb des EU-Rechtsrahmens die Rechtsgrundlagen für Rückverfolgbarkeit, Ereignismanagement und Hygiene/HACCP in unterschiedlichen Verordnungen anzutreffen sind – im Hinblick auf die notwendige und angestrebte Verbrauchersicherheit hängt das im Rahmen des Sicherheitsmanagementkonzeptes alles zusammen.

Nach der Verordnung (EG) Nr. 178/2002 ist jedes Unternehmen verpflichtet, Informationen zur Rückverfolgbarkeit seiner Produkte zur Verfügung zu stellen und im Zweifelsfall für einen Rückruf fehlerhafter Produkte zu sorgen. Gibt es Grund zu der Annahme, dass ein eingeführtes, erzeugtes, verarbeitetes, hergestelltes oder vertriebenes Lebensmittel den Anforderungen an die Lebensmittelsicherheit nicht entspricht, müssen die erforderlichen Maßnahmen durchgeführt werden und der Sachverhalt sowie die getroffenen Maßnahmen unverzüglich den zuständigen Behörden aktiv mitgeteilt werden.

Zur Rückverfolgbarkeit muss es möglich sein, jede (natürliche oder juristische) Person festzustellen, von der ein Lebensmittel oder ein Stoff, der dazu bestimmt ist oder von dem erwartet werden kann, dass er in einem Lebensmittel oder Futtermittel verarbeitet wird, erhalten wurde. Hierzu müssen präventiv Systeme und Verfahren eingerichtet sein, mit denen diese Informationen den zuständigen Behörden auf Aufforderung mitgeteilt werden können.

Falls das Unternehmen selbst an andere Lebensmittelunternehmen liefert, erstreckt sich diese Feststellungs- und Mitteilungspflicht auch auf diese.

Auf die eigentlich zweifelsfrei bestehende Notwendigkeit, neben „one step forward" und „one step back" auch ein gut funktionierendes, chargengenaues internes Rückverfolgbarkeitssystem einzurichten, wurde bereits hingewiesen (siehe oben).

Erkennt nach der Verordnung (EG) Nr. 178/2002 ein Lebensmittelunternehmen oder gibt es Grund zu der Annahme, dass ein eingeführtes, erzeugtes, verarbeitetes, hergestelltes oder vertriebenes Lebensmittel den Anforderungen an die Lebensmittelsicherheit nicht entspricht, so wird unverzüglich ein Verfahren eingeleitet, um das betreffende Lebensmittel vom Markt zu nehmen und, falls erforderlich, sogar öffentlich zurückzurufen. Außerdem müssen der Sachverhalt sowie die getroffenen Maßnahmen unverzüglich den zuständigen Behörden aktiv mitgeteilt werden.

Es erstaunt immer wieder, wenn sich im Rahmen der Überprüfung erweist, dass einige – oft auch größere – Unternehmen in dieser Hinsicht präventiv bisher wenig bis gar nichts getan haben. Oft ist auch die Verpflichtung, bei Kenntnis einer potenziellen Gefährdung des Verbrauchers oder beim Verdacht darauf proaktiv und unverzüglich die zuständige Behörde in Kenntnis zu setzen, schlicht unbekannt. Auch kommt es vor, dass zwar das Ereignismanagement hervorragend vordurchdacht und installiert ist, die Pflicht, die Behörde zu informieren, dabei jedoch weggelassen wird. Auf die möglichen Gründe wurde bereits eingegangen (siehe oben).

A.4 Betriebliches Hygienemanagement

A.4.1 Einleitung

Jedes Lebensmittelunternehmen muss im Rahmen des Managementsystems für Lebensmittelsicherheit PRPs etablieren und durchführen.

Neben anderen bewährten Verfahren umfassen diese PRPs eine Gute Hygienepraxis und eine Gute Herstellungspraxis.

PRPs dienen der Sicherstellung der Lebensmittelhygiene im gesamten Betrieb und den Herstellungsprozessen der Lebensmittelproduktion. Sie werden als Präventivprogramme bezeichnet, durchgeführt und dokumentiert. Sie sind durch betriebliche Eigenkontrollen zu überwachen und regelmäßig auf ihre Gültigkeit zu prüfen und zu optimieren.

PRPs dienen der Sicherstellung der Lebensmittelhygiene im gesamten Betrieb und nicht der eines einzelnen, bestimmten Produktes oder einer Produktgruppe. Sie sind die notwendige Voraussetzung dafür, dass ein Sicherheitsmanagementkonzept überhaupt funktionieren und wirksam sein kann. Sie sind deshalb für jeden Betrieb absolut unverzichtbar.

Und ihre Implementierung ist gleichfalls die notwendige Voraussetzung dafür, dass auf dieser Basis ein an den HACCP-Grundsätzen orientiertes System, wo notwendig, weiterentwickelt werden kann.

Es beginnt mit einer Gefahrenanalyse. Die Risikobewertung setzt dabei implementierte und funktionierende PRPs voraus, um die im Hinblick auf die Produktsicherheit verbleibenden spezifischen Gefahren und Risiken zu identifizieren und zu „beherrschen“.

A.4.2 Basishygienemaßnahmen (PRPs)

Zu den Basishygienemaßnahmen im Rahmen der Guten Hygienepraxis gehört regelmäßig Folgendes:

- Maßnahmen zur angemessenen baulichen Infrastruktur und Einrichtung;
- geeignete Wand- und Bodenbeläge für eine gute Reinigung und ggf. erforderliche Desinfektion;
- ausreichende Belüftung, ausreichende Beleuchtung als Minimalstandard einer Betriebsstätte;
- eine (oder mehrere) Handwaschgelegenheit(en) mit fließendem Trinkwasser, Seifenspender, Einmalhandtüchern und Händedesinfektionsmittelspender;
- Maßnahmen der Personalhygiene und -schulung einschließlich Beachtung der Infektionsschutzgesetz-(IfSG-) Vorschriften, insbesondere der Unterweisungspflichten und des Tätigkeitsverbots;
- ein hohes Maß an persönlicher Sauberkeit bei allen Personen, die mit Lebensmitteln umgehen einschließlich geeigneter und sauberer Arbeitskleidung;
- Temperaturmessung und Maßnahmen zur Sicherstellung der Einhaltung der Kühlkette;
- Wareneingangs-, Warenbestands- und Lagerkontrollen;
- Reinigungs- und Desinfektionsmaßnahmen;
- Sauberkeit und Ordnung;
- Eignung aller Lebensmittelkontaktmaterialien/Bedarfsgegenstände für den vorgesehenen Verwendungszweck;
- Integriertes Schädlingsmanagement, bestehend aus einem Programm für die Abwehr des Eindringens von Schädlingen wie Insekten und Nagetieren, der Früherkennung eines Befalls und der dann erforderlichen Bekämpfungsmaßnahmen (Festschreibung, Durchführung und Dokumentation);
- Abfallmanagement.

Alle diese Maßnahmen – aus Sicht der Lebensmittelüberwachung „Kontrollpunkte" – lassen sich ganz grob in drei Bereiche einteilen:in den der konzeptionellen Aspekte, in den der Instandhaltung und in den der laufenden Produktions-/Hygiene. Wenn z. B. an einem Arbeitsplatz, an dem es eigentlich notwendig wäre, das adäquat ausgerüstete Handwaschbecken (HWB) schlicht fehlt, dann ist das ein konzeptioneller Fehler. Ist das HWB zwar da, aber defekt, dann ist es ein Fehler in der Instandhaltung. Ist es zwar da und würde auch korrekt funktionieren, kann aber nicht benutzt werden, weil es mit abgelegten Gegenständen befüllt oder mit abgestellten Gerätschaften, Paletten usw. verstellt ist, dann liegt ein Fehler in der aktuellen Produktionshygiene vor.

A.4.3 Gute Herstellungspraxis

Die Anforderungen, die das Managementkonzept bei den im Folgenden aufgeführten Teilaspekten für das jeweilige Unternehmen mit sich bringt, können hochgradig unterschiedlich sein, je nachdem, welche Produkte hergestellt werden. Und sie können sich auch für die einzelnen Produkte(-gruppen) voneinander unterscheiden.

Zur Guten Herstellungspraxis gehören regelmäßig:

- Festlegung der in der Produktion zu verarbeitenden Zutaten mit Spezifikationen

Es macht im Hinblick auf die mikrobiologischen Gefahren, z. B. bei der Fleischerzeugnisherstellung, einen erheblichen Unterschied, ob das Produkt einen thermischen CCP passieren muss (Brühwurst/Kochwurst) oder nicht (Rohwurst). Im letzteren Fall, da es i. d. R. keinen harten CCP gibt, sondern „control" von dem installierten Hürdenkonzept (oPRP) abhängt, ist es von erheblicher Bedeutung, dass bereits das Ausgangsmaterial ein möglichst geringes Risiko, z. B. im Hinblick auf die Gefahren eine Kontamination mit Salmonella und *Listeria monocytogenes*, in den Prozess hineinträgt.

Damit ist das Risiko insgesamt reduziert und die Hürden haben eine bessere Chance, ausreichend zu wirken. Wird das Produkt dagegen ausreichend erhitzt (CCP), dann wäre eine Kontamination des Ausgangsmaterials zwar nicht schön und unerwünscht (und sollte möglichst vermieden werden), aber dies ist letztendlich nicht so bedeutsam, da der CCP alle vegetativen Mikroorganismen abtötet, womit diese Gefahren „beseitigt" werden, zumindest auf dieser Prozessstufe. Bei den nachfolgenden muss das Risiko der Rekontamination beachtet werden, welches zwingend auf einem annehmbaren Maß gehalten werden muss.

Anders verhält es sich bei Mühlenprodukten, die schon als Rohstoff für die weitere Verarbeitung im Backgewerbe hinsichtlich ihrer Mykotoxin-Gehalte den Anforderungen entsprechen müssen, da die thermische Behandlung keine Reduktion aller Mykotoxine bewirken kann.

– Rezepturensammlung;

Immer nötig. Sie ist besonders dann von Bedeutung, wenn es um Rückverfolgbarkeit geht (ohne genaue Produktrezepturen kann man ein Produkt schlecht rückverfolgen) und um die Produktionsplanung bzw. um die Planung der Produktionsreihenfolge der Produkte, um das Kreuzkontaminationsrisiko möglichst zu minimieren (Allergene, Mikroorganismen) u. v. a. m.

– Verfahrensanweisungen für die Produktion von Lebensmitteln;

Es liegt auf der Hand, dass, je komplexer die Produktion eines Lebensmittels ist – Zutaten, Komponenten, Prozessschritte –, desto genauer müssen die Anweisungen sein. Auch ist der Kenntnisstand des durchführenden Personals von ganz großer Bedeutung. Je weniger die Leute am Arbeitsplatz von der Sache verstehen, desto intensiver muss die Unterweisung und Einweisung sein.Und deren Befolgung muss von jemandem mit ausreichend Sachkunde überprüft werden. Eine Dokumentation dieser Überprüfung (wie auch immer geartete Checklisten) ist sicherlich von Vorteil. Das Fremdsprachproblem muss beachtet werden.

– Produktionsplanung (für geordnete, hygienisch einwandfreie Abläufe, Sicherstellung räumliche/zeitliche Trennung, reine/unreine Seite, Warenbereitstellung inkl. Lagerung von Zwischenprodukten/Rohwaren);

Hierüber ließe sich viel sagen. Ist aber eigentlich nicht notwendig, denn jeder weiß sowieso, worum es geht – die Reduzierung des Risikos von Kreuzkontaminationen. Sehr viele Gefahren lassen sich u. a. durch diese PRP auf einem akzeptablen Maß halten. Aber dem sind auch Grenzen gesetzt. Das beste Beispiel hierfür ist die Gefahr *Listeria monocytogenes* und deren mögliches Risiko in *Ready-to-eat(RTE)*-Produkten. Mitunter sind hier – die produktspezifische Gefahrenanalyse und Risikobewertung müssen das belegen – CCPs oder oPRPs erforderlich.

– Arbeitsplatzbeschreibungen;

Jeder Mitarbeiter im Betrieb sollte wissen, was genau von ihm am Arbeitsplatz erwartet wird, welche Verhaltensweisen und Ergebnisse als selbstverständlich erachtet werden und welche Verantwortlichkeiten damit verbunden sind. Wichtig ist, besonders bezüglich der Verantwortlichkeiten, eine eindeutige Verantwortungs- und Entscheidungskompetenzfestlegung sowie eine eindeutige Stellvertreterregelung. Eng mit diesen PRPs verbunden ist die Personalschulung: Je genauer der Mitarbeiter in den spezifischen Bedürfnissen und Problemstellungen seines individuellen Arbeitsplatzes geschult ist, desto besser.

– Zuordnung Geräte, Personal;

Insbesondere dieser PRP ist in den Anforderungen an konzeptionelle Ausgestaltung und tatsächliche Umsetzung hochgradig flexibel und auch flexibel zu bewerten. Es liegt auf der Hand – kleinere Betriebe auf der einen Seite, die z. B. nur einen Hubwagen haben, sind natürlich gar nicht in der Lage, diesen bestimmten Betriebsbereichen zuordnen zu können, er wird überall benutzt, wo man einen Hubwagen braucht. Etwas Ähnliches trifft auch auf das Personal zu.

Das andere Extrem stellen mittlere bis große Betriebe dar, die ggf. mehrere Risikozonen definiert haben, die *Low-Care-* von *High-Care*-Bereichen abgrenzen usw. Ziel dessen ist natürlich die möglichst weitgehende Reduktion des Risikos von innerbetrieblichen Kreuzkontaminationen. Insbesondere Allergene und *Listeria monocytogenes* sind hierbei als potenzielle Gefahren von besonderer Bedeutung. In solchen Fällen ist es natürlich von hoher Wichtigkeit, dass die Gerätschaften und möglichst auch das Personal den Bereichen genau zugeordnet sind, dessen Grenzen möglichst gar nicht, aber wenn doch, dann möglichst selten überqueren und dann auch nur mit angemessenen Hygienemaßnahmen oder Benutzen von Hygieneschleusen.

– Bestimmungen zur Durchführung von Zwischenreinigungen zur Vermeidung von Kreuzkontaminationen (mikrobiologische und allergene Kontaminanten).

Diese PRPs sind nicht nur in großen, sondern auch in kleinen Betrieben von erheblicher Wichtigkeit, denn sie ermöglichen eine zum Teil ganz erhebliche Reduktion des vorhandenen Risikos. Werden sie beschrieben, so haben wir zwischen den „normalen" grundlegenden Maßnahmen zur Basishygiene und produktions- bzw. produktgruppenspezifischen Maßnahmen des HACCP, also der spezifischen Gefahrenabwehr und -beherrschung verbliebener Gefahren, zu unterscheiden. Je nachdem, wie ein oPRP (zur Abgrenzung von PRP) definiert ist, kann eine gezielte Zwischenreinigung und -desinfektion jeweils als Basismaßnahme getroffen werden oder im Rahmen der Gefahrenabwehr als oPRP zur Minimierung oder Eliminierung von Gefahren gehören.

Zur Darstellung der jeweiligen Gemeinsamkeiten und Unterschiede zwischen PRP, oPRP und CCP wurde bereits auf die Anlage 4 des „Leitfadens" der EU von 2016 hingewiesen, die, im Gegensatz zum Leitfaden selbst, keine bisher erkennbaren Fehler aufweist und deren Kenntnisnahme darum rundherum zu empfehlen ist.

Die Definition des oPRP geht auf die ISO 22000 zurück und wurde modifiziert in dieser Norm übernommen. Entscheidend ist, dass die PRP-Maßnahme gezielt zur „Beherrschung, Lenkung" einer spezifischen Gefahr eingesetzt wird – siehe oben. „Normale" PRP sind demgegenüber allgemein, präventiv und betriebsbezogen ausgerichtet.

Unter der Voraussetzung und Annahme, dass diese PRP alle gut installiert sind sowie erfolgreich funktionieren, werden in der Gefahrenanalyse und Risikobewertung die verbleibenden relevanten, „spezifischen" Gefahren ermittelt, die mit dem erweiterten HACCP (CCP und oPRP) „beherrscht, gelenkt" werden müssen.

Dazu wird im Rahmen der Definitionssetzung gefordert, dass für die Maßnahme ein überprüfbares Kriterium da sein muss, welches die Unterscheidung zwischen dem zu erreichenden Zustand akzeptabel und nicht akzeptabel ermöglicht: „...wobei ein Handlungskriterium und eine Messung oder Beobachtung eine wirksame Steuerung des Prozesses und/oder des Produkts ermöglichen".

Die Frage ist hier: Was ist ein Handlungskriterium, eine Messung oder Beobachtung, die eine wirksame Steuerung des Prozesses ermöglichen? Im Rahmen der Zwischenreinigung und Desinfektion?

Wenn man hier ein „hartes" Kriterium fordert, dann wird man nichts finden. Man kann nicht einen gesamten Bereich, eine ganze Maschine oder Anlage komplett mikrobiologisch überprüfen und damit das Vorhandensein von Gefahren nach der Maßnahme wahrscheinlich ausschließen. – Irgendwo, in einer Ritze oder Spalte, könnte das Agens der Maßnahme immer noch entwischt sein. Mit dieser Forderung wäre die Zwischenreinigung und Desinfektion ein „normaler" PRP. Man kann zwar verifizieren (durch Abklatschproben und Produktuntersuchungen), aber ein echtes Monitoring betreiben kann man nicht.

Akzeptiert man hingegen eher solche Kriterien, die in der Praxis auch überprüft werden können – die Flächen müssen nach der Reinigung „sauber" (siehe Abschnitt 3.2.15), die sichtbaren Oberflächen anhand optischer Kontrolle nach der Desinfektion vollständig und flächendeckend mit dem Desinfektionsmittel benetzt sein und dieses kann ausreichend lange einwirken –, dann wären wir hier beim oPRP. Natürlich ist dann auch hier eine Verifikation erforderlich. Eher mehr als weniger – denn je weniger „hart" das Entscheidungskriterium ist, desto mehr Werte sollten eine belastbare Verifikation belegen.

A.4.4 Spezielle Hygieneanforderungen an den Umgang mit tierischen Erzeugnissen und leicht verderblichen Lebensmitteln im Betrieb

Durch mikrobiologischen Verderb können Lebensmittel tierischen Ursprungs und insbesondere alle leicht verderblichen Lebensmittel nicht mehr sicher und ungeeignet für den menschlichen Verzehr werden. Daher ist beim Umgang mit diesen Lebensmitteln auf besondere Sorgfalt zu achten. Die Lebensmittel müssen entsprechend ihrer Beschaffenheit und gemäß rechtlicher Vorgaben gekühlt werden. Die Lager-/Produkttemperaturen sind DIN 10508, *Temperaturen für Lebensmittel*, zu entnehmen. Die Kühlkette muss aufrechterhalten werden und darf lediglich kurz, z. B. zur unmittelbaren Behandlung der Lebensmittel im Betrieb, unterbrochen werden.

Benutzte Arbeitsgeräte und Flächen, die mit rohen tierischen Lebensmitteln in Kontakt kamen, müssen unmittelbar nach Abschluss der Tätigkeit (d. h. vor erneuter Nutzung) gereinigt und erforderlichenfalls desinfiziert werden.

Im Grundsätzlichen unterscheiden sich die Risiken, die beim Umgang mit tierischen Lebensmitteln betrachtet werden müssen, nicht prinzipiell von denen anderer Lebensmittel. Sie sind nur, insbesondere im Hinblick auf die mikrobiologischen Gefahren, i. d. R. deutlich höher ausgeprägt anzunehmen, da eine hohe Wahrscheinlichkeit, dass diese Gefahren schon durch das Ausgangsmaterial (rohes Fleisch, Eier etc.) in den Prozess eingetragen werden und insbesondere dass diese Risiken durch Prozessfehler (z. B. durch unzureichende Kühlung, Kreuzkontaminationen) massiv anwachsen können, anzunehmen ist. Deshalb wurde hier der zusätzliche Hinweis auf die besondere Bedeutung der Kühlung (siehe DIN 10508) sowie der Zwischenreinigung und Desinfektion gegeben (die in diesem Kontext hinsichtlich ihrer Wirksamkeit zur Beherrschung von Gefahren i. d. R. als „normaler" PRP anzusprechen ist).

A.4.5 Betriebliche Eigenkontrollen

A.4.5.1 Allgemeines

Durch Eigenkontrollmaßnahmen überwacht der Lebensmittelunternehmer unter anderem die erfolgreiche Durchführung der von ihm definierten und veranlassten Basishygienemaßnahmen. Dies sind insbesondere die Kontrollen in A.4.5.2 bis A.4.5.4.

Wie oben schon ausgeführt, ist die Basishygiene, sind die PRPs integraler Bestandteil des gesamten Sicherheitsmanagementkonzeptes und notwendige Voraussetzung dafür, dass HACCP überhaupt nur funktionieren kann. Bereits die Gefahrenanalyse und Risikobewertung starten unter der Annahme und Voraussetzung, dass die Basishygiene gut implementiert ist und erfolgreich betrieben wird.

A.4.5.2 Temperaturmanagement im Betrieb

Das Temperaturmanagement eines Betriebes umfasst bei Bedarf die Temperaturkontrollen von kühl- oder heißzuhaltenden Lebensmitteln. Das Management umfasst:

- den Wareneingang;
- die Lagertemperaturen;
- die Prozesstemperaturen.

Hierzu sind erforderliche Temperaturen/Temperaturbereiche für alle kühlpflichtigen, kühlbedürftigen und heißzuhaltenden Lebensmittel sowie Produktionsvorgänge zu definieren. Die Überwachung der Temperaturen erfolgt durch entsprechende Messverfahren, die in DIN 10508 näher beschrieben sind.

Für den Fall der Abweichung und der Havarie von Kühlgeräten sind Notfallpläne erforderlich, die insbesondere den weiteren Umgang mit eingelagerten Lebensmitteln regeln.

Die ersten beiden Spiegelstriche sind klassische PRPs und sehr wichtig für die präventive Risikoreduktion. Beide werden in vielen Konzepten auch als oPRP oder gar CCP geführt. Das ist im Rahmen der „Flexibilität" durchaus zulässig, wenn auch nicht empfehlenswert, denn damit bürdet sich der Betrieb selbst unnötige Monitoring- und Dokumentationspflichten auf. Diese leiten sich dann aus dem 4. und 7. Codex-Prinzip her und sie sind dann über Artikel 5 der Verordnung (EG) Nr. 852/2004 für als solche eingestufte CCPs verbindlich.

Es stimmt zwar – sowohl im Wareneingang als auch bei der Lagertemperaturkontrolle gibt es eindeutige Kriterien bzw. Grenzwerte, die eine Unterscheidung zwischen akzeptabel und nicht akzeptabel möglich machen, und diese Kriterien lassen sich auch vergleichsweise einfach und sicher überprüfen. Aber das entscheidende Element fehlt: Durch Kühlung lassen sich im Produkt bereits vorhandene, spezifische mikrobielle Gefahren nicht „beseitigen, auf ein akzeptables Maß reduzieren". Nur eine Vermehrung kann – im Sinne der Risikoprävention – verhindert werden. Also sind Kontrolle von Wareneingang und Lagertemperatur PRP's bzw. Basishygiene, aber keine spezifischen Kontrollmaßnahmen (im Sinne von „control" - siehe oben).

Anders sieht das mit dem dritten Spiegelstrich aus. Hierunter sammeln sich PRPs (z. B. die Umgebungstemperaturen von vielen Bearbeitungsschritten), oPRPs (z. B. die initiale Temperatur bei der Herstellung einer Zwiebelmettwurst nach Hinzufügen der Starterkultur oder die Heißhaltetemperatur bei der Ausgabe von gegarten Speisen) und typische CCPs (die klassischen Erhitzungsschritte zum „Beherrschen" mikrobiologischer Risiken). Bei den beiden letzteren gilt, dass die Korrekturmaßnahme im Falle der Abweichung die „Beherrschung" wiederherstellen und vor allem dafür sorgen muss, dass die potenziell nicht „sichere" Ware den Endverbraucher nicht erreicht.

A.4.5.3 Kontrolle Reinigung und Desinfektionswirkung

Neben einer klaren Beschreibung und Festlegung von Verfahrensabläufen und Verantwortlichkeiten (was? wann? wie? womit? und durch wen?) sowie den erforderlichen technischen Angaben zu Reinigungs- und Desinfektionsmitteln (z. B. Wirkstoff, Einwirkzeit, Konzentration, ggf. Sicherheitsdatenblätter) im Reinigungs- und Desinfektionsplan, ist es erforderlich, die Reinigungs- und ggf. Desinfektionswirkung in regelmäßigen Abständen durch Hygienekontrollen zu überprüfen.

Die Überprüfung der Reinigungsmaßnahmen erfolgt durch eine visuelle Kontrolle, welche durch Schnelltestverfahren ergänzt werden kann.

Der mikrobiologische Erfolg von durchgeführten Desinfektionsmaßnahmen sollte durch regelmäßige mikrobiologische Untersuchungen (Probenplan) von Abstrichen bzw. Abklatschproben erfolgen.

Die Überprüfung der erfolgreichen Reinigung und Desinfektion (R & D) ist von großer Wichtigkeit. „*... müssen gereinigt und* ***erforderlichenfalls*** *desinfiziert werden*" – solche Formulierungen finden sich oft in den Rechtstexten. Und wenn das Unternehmen im Zuge der Planung und Umsetzung seines Konzeptes zum Schluss gelangt, dass an einer bestimmten Prozessstufe eine Desinfektion „*erforderlich*" ist, dann ist sie das sicherlich auch. Und natürlich muss die Effektivität der Maßnahmen überprüft werden.

In diesem Fall gilt ausnahmsweise mal das Prinzip des „viel hilft viel", zumal die simple Überprüfung des R & D-Erfolgs mittels Abklatschproben (dip slides, Rodac-Platten etc.) sehr einfach auszuführen und vergleichsweise kostengünstig ist, auch ohne größeren Aufwand vollständig vom Betrieb selbst durchgeführt werden kann und zudem noch zeitnah nach der Probenahme aussagekräftige Informationen liefert. Der Untersuchungsparameter der Wahl ist hier die aerobe mesophile Gesamtkeimzahl (GKZ). Ist die GKZ nach R & D zu hoch, dann liegt ein Fehler vor, dem nachgegangen werden muss. Weitere Ausführungen zu den Testsystemen findet man auch in DIN 10516 *Lebensmittelhygiene – Reinigung und Desinfektion*.

Wenig Sinn macht es – abgesehen von spezifischen Tätigkeiten und Produktionsprozessen –, bei R & D-Überprüfungen im Routineverfahren gezielt nach dem Vorkommen von pathogenen Mikroorganismen zu suchen. In der Praxis oft anzutreffen ist die Tupfer-/Schwamm-Umgebungsuntersuchung auf *Listeria monocytogenes* (LM, qualitativ) **nach** erfolgter R & D.

Die Probenahme selbst ist „tricky", man kann viel falsch machen.

Die Untersuchung muss fast immer durch ein externes Labor durchgeführt werden, läuft i. d. R. über ein Anreicherungsverfahren, braucht damit eine gewisse Zeit und ist auch relativ teuer.

Und wenn der Befund „positiv" käme, dann ist sowieso ganz grundsätzlich etwas im Argen mit der Betriebs-R & D. Dann „brennt die Hütte" eventuell schon und dann hätte die Überprüfung der GKZ dieses grundsätzliche Problem mit Sicherheit schon viel früher aufgezeigt.

Damit keine Missverständnisse auftreten – Umgebungsuntersuchungen auf *Listeria monocytogenes* sind, in Abhängigkeit von der Art der Lebensmittel, die ein Unternehmen herstellt, sehr, zum Teil extrem wichtig und in der Verordnung (EG) Nr. 2073/2005 über mikrobiologische Kriterien für bestimmte Lebensmittel verpflichtend vorzunehmen.

Insbesondere in den Hoch-Risikobereichen der Produktion von länger haltbaren (>4 Tage) „ready to eat"(RTE)-Produkten stellen sie im Rahmen des Sicherheitsmanagementkonzeptes eine zentrale Komponente dar und dienen als betriebseigenes Frühwarnsystem – liegt ein Problem vor?

Wenn ja, wo liegt es vor, lässt es sich lokalisieren? Wie lässt es sich bekämpfen, reduzieren? Das hat aber nichts mehr mit der Überprüfung des R & D-Erfolges von Basismaßnahmen zu tun.

Umgebungsuntersuchungen auf LM mittels Abklatschproben **nach** R & D können dann Sinn machen, wenn ein Betrieb gezielt nach der Stelle forscht, an der bei einer bestimmten Maschine (z. B. Slicer) LM nachweislich die R & D-Maßnahmen überstanden hat, wenn es darum geht, herauszufinden, in welcher Ritze, hinter welcher Schraube, in welchem sonstigen Refugium LM es geschafft hat, die R & D-Verfahren zu überleben und am nächsten Produktionstag erneut zu kontaminieren. Zur routinemäßigen Überprüfung des R & D-Erfolges von Basismaßnahmen taugen sie jedoch nicht.

Eine Dokumentation der erfolgten Überprüfung inklusive der veranlassten Maßnahmen bei festgestellten Abweichungen ist erforderlich.

Siehe hierzu auch DIN 10516.

Bei festgestellten Fehlern oder Unzulänglichkeiten von Reinigung und Desinfektion müssen die Verfahren jeweils unverzüglich angepasst werden, um den gewollten Zweck zu erreichen.

No further comment – das versteht sich von selbst.

A.4.5.4 Schädlingsmonitoring

Das Schädlingsmonitoring ist eine geeignete Überwachungsmaßnahme im Rahmen des betrieblichen Schädlingsmanagements, um festzustellen, ob durch die ergriffenen Maßnahmen Schädlinge vom Betrieb erfolgreich ferngehalten werden.

Im Falle eines Nachweises von Schädlingen muss eine ausgebildete, sachkundige Fachkraft (Schädlingsbekämpfer) hinzugezogen werden.

Mitunter sind keine Monitoring-, sondern bereits präventive Bekämpfungsmaßnahmen anzutreffen, je nach Problemstellung des individuellen Betriebes – z. B. bei Befall mit Schadnagern mag das eine zeitlich begrenzte, notwendige Methode sein. Bei Kriechinsekten (z. B. Schaben, Ameisen) kann diese Form der Präventivbekämpfung jedoch mit Risiken behaftet sein. Wenn die Strategie im präventiven Ausbringen von tödlichen Fraßgelen an versteckten Stellen besteht, dann ist davon abzuraten. Einerseits, weil auch bei Auslage an versteckten Stellen Giftstoffe durch die Schaben in den Betrieb gelangen können und das „chemische“ Risiko für Kontamination erhöhen, andererseits – und besonders – weil die präventive Verwendung das Risiko einer Resistenzbildung mit sich bringt, vergleichbar mit der Resistenzbildung bei Bakterien. Bei Kriechinsekten sollte sich das Sicherheitsmanagementkonzept zuerst auf ein echtes Monitoring beschränken, dann haben ggf. präventive Maßnahmen, die die Biologie der Schadinsekten berücksichtigen und auf ihre Vermehrung und Möglichkeiten der Ausbreitung abzielen, Vorrang. Nur im Bedarfsfall sollte, durch fachkundige Unterstützung durchgeführt, mit „der Keule draufgehauen“ werden. Zu bedenken sind dabei sicherheitstechnische Aspekte (Explosions- und Brandgefahr) und die Vorgaben aus dem Gefahrstoffrecht (Reaktivität, Intoxikation, Metaboliten und Persistenz).

A.5 HACCP-gestützte Verfahren

A.5.1 Prinzipien von HACCP-gestützten Verfahren

Wie eingangs in Abschnitt A.1 bereits dargestellt, gehört das HACCP-Verfahren zu den Systemen, die der Lebensmittelsicherheit dienen. Das HACCP-System wird in Anlehnung an die sieben Prinzipien des Codex Alimentarius nach den Anforderungen der VO (EG) Nr. 852/2004 entworfen, validiert und implementiert:

1) Durchführung einer Gefahrenanalyse;
2) Bestimmung der kritischen Lenkungspunkte;
3) Festlegung von validierten kritischen Grenzwerten für diese kritischen Lenkungspunkte;
4) Festlegung und Durchführung effizienter Verfahren zur Überwachung der kritischen Lenkungspunkte;
5) Festlegung von Korrekturmaßnahmen, die zu ergreifen sind, wenn die Überwachung eine Abweichung von einem (kritischen) Grenzwert bei einem kritischen Lenkungspunkt anzeigt;
6) Festlegung von regelmäßig durchzuführenden Verifizierungsverfahren;
7) Erstellung von Dokumenten und Aufzeichnungen.

HACCP-gestützte Verfahren sind produkt- oder produktgruppenspezifisch strukturiert, in manchen Fällen auch produktionsanlagenspezifisch aufgebaut. Sie zielen dabei immer auf ein konkretes Produkt oder eine konkrete Produktgruppe und sind in ihrer Gesamtheit dazu bestimmt zu bewirken, dass das betreffende Lebensmittel sicher ist, wenn es die Endverbraucherin und den Endverbraucher erreicht.

Der Gefahrenanalyse und Risikobewertung vorgeschaltet sind im Codex Alimentarius weitere fünf Punkte, die auch zur Entwicklung und Etablierung von HACCP-gestützten Verfahren nützlich, wenn nicht sogar unabdingbar sind:

1) Der Geltungsbereich (scope) der HACCP-Studie sollte festgelegt werden, wofür, was wird alles mit umfasst (und was damit im Umkehrschluss eben nicht).
2) Ein HACCP-Team sollte gebildet werden, interdisziplinär, in dem alle berührten Betriebsbereiche hinreichend vertreten sowie alle benötigten Kompetenzen und Kenntnisse vorhanden sind.

3) Das Produkt/die Produktgruppe, für das/die das im Folgenden beschriebene Verfahren gilt, sollte beschrieben werden. Gemeint ist damit nicht eine Beschreibung des Produktes für die potenzielle Kundschaft des Unternehmens, sondern alle diejenigen Aspekte und Informationen, die in irgendeiner Weise Auswirkungen auf die schlussendliche Sicherheit des fertigen Lebensmittels haben können. Diese sollten hinreichend genau beschrieben und erkennbar sein. Je nach Produkt beginnt das mit dem Ursprung des eingesetzten Rohmaterials, den eingesetzten Zutaten, über die ggf. Gefahren in den Produktionsprozess mit eingetragen werden könnten. Die Beschreibung umfasst weiter die Zusammensetzung und Struktur des Produktes, ggf. chemische, physikalische, mikrobiologische Eigenschaften, Informationen über mögliche Allergene oder Verunreinigungen mit Allergenen, Besonderheiten der Verarbeitung (Stabilität) und der Verpackung bis hin zu ggf. vorhandenen spezifischen rechtlichen Anforderungen, spezifischen Lager- und Vertriebsbedingungen, ggf. erforderlichen Angaben zur Haltbarkeits- bzw. Verbrauchsdauer und Gebrauchsanweisung für das Produkt.

   Bei der Bildung von Produktgruppen muss genau darauf geachtet werden, dass nur solche Produkte in einer Gruppe zusammengefasst werden, die sich im Hinblick auf die beschriebenen Gesichtspunkte nicht bzw. nur insoweit unterscheiden, dass es auf die resultierende Sicherheit des Endproduktes keinen wesentlichen Einfluss hat. Ist das nicht der Fall, dann liegen zwei unterschiedliche Produkte, Produktgruppen vor und die nachfolgend beschriebenen Verfahren dürften sich in der Gefahrenanalyse voneinander unterscheiden, wenn auch vielleicht nur geringfügig.

4) Die vom Unternehmen anvisierte Konsumentengruppe sollte genannt werden (z. B. Normalbevölkerung oder bestimmte Risikogruppen). Auch die unter vernünftigen Umständen vorhersehbare Gebrauchsgewohnheit des Produktes durch den Verbraucher (*intended use*) ist in die Überlegungen mit einzubeziehen.

5) Für die Produkte, Produktgruppen sollten Fließdiagramme erstellt werden, die den Produktionsprozess ausreichend detailliert wiedergeben, damit sie als Grundlage für die prozessbegleitende Gefahrenanalyse und Risikobewertung dienen können. Dabei wird das Ziel verfolgt, i. d. R. unter Verwendung eines Entscheidungsbaumes und von dessen Fragen herauszufinden, an welcher Stufe des Produktionsprozesses die ggf. von Anfang an vorhandenen Gefahren (z. B. Salmonellen in Frischfleisch) durch spezifische Kontroll-, Beherrschungs-, Lenkungsmaßnahmen im Hinblick auf ihr Risiko entweder komplett beseitigt oder zumindest auf ein annehmbares (akzeptables) Maß reduziert werden können. Im abgebildeten Prozess wird deut-

lich, ob Gefahren zusätzlich erst durch den Produktionsprozess selbst hinzukommen können (z. B. Fremdkörper, Kreuz- und Rekontaminationen) und wie diese ausreichend gehandhabt werden müssen, dass am Ende ein „sicheres“ Lebensmittel hergestellt, produziert wird. Es gilt bei der Erstellung solcher Diagramme die Regel, dass einzelne Prozessunterschritte, die eine unterschiedliche Auswirkung auf die Risikobewertung haben können, nicht miteinander zusammengefasst werden können, sondern als einzelne Prozessschritte nacheinander betrachtet werden müssen.

Es ist aufseiten der Überwachung nicht unumstritten, ob denn auch diese fünf Elemente zusätzlich zu den sieben Prinzipien rechtlich eingefordert werden können. Einerseits wird argumentiert, dass ein HACCP-gestütztes Verfahren nach Art. 5 der Verordnung (EG) Nr. 852/2004 ohne diese fünf gar nicht vernünftig erstellt werden kann – andererseits, dass in Art. 5 eben nur die sieben Prinzipien eindeutig rechtlich benannt sind.

Wie auch immer, es ist jedem Betrieb und dem/den Verantwortlichen mit Blick auf die Haftung unbedingt anzuraten, auch diese fünf Punkte im methodischen Vorgehen zu beachten und umzusetzen, bevor mit der im nachfolgenden Abschnitt der Norm beschriebenen Gefahrenanalyse und Risikobewertung begonnen wird.

A.5.2 Gefahrenanalyse und Risikobewertung

Die vorliegende Norm unterscheidet, beginnend mit der Definition, ebenso wie die europäische Rechtssetzung klar zwischen den beiden Schlüsselbegrifflichkeiten „Gefahr“ (*hazard*, siehe Abschnitt 3.3.7) und „Risiko“ (*risk*, siehe Abschnitt 3.3.8). Weder im Codex Alimentarius noch in der ISO 22000 ist diese Unterscheidung so klar betont und es gibt in beiden Werken auch keine Definitionen für das Risiko. Im Ergebnis läuft jedoch auch beim Codex und der ISO-Management-Norm das Verfahren zur Durchführung der Gefahrenanalyse so ab, dass die Risikobewertung mit beschrieben wird.

Für ein Lebensmittelunternehmen, das seinen Sitz in Europa hat, kann das weitgehend egal sein. Es hat sich an Recht und Gesetz zu halten und da beide Begriffe in der Basisverordnung (EG) Nr. 178/2002 eindeutig definiert sind, sind sie für den europäischen Lebensmittelbereich und dessen HACCP-Verfahren verbindlich.

Es muss klar gesagt werden, dass sich das Verständnis der angewandten Begriffe klar vom „normalen“ Sprachgebrauch des Alltags unterscheidet. Dennoch ist jedem Unternehmen und seinen Verantwortlichen unbedingt anzuraten, auch im Rahmen der Beschreibung der eigenen HACCP-gestützten

Verfahren diese Unterscheidung im strikten Sinn der hier vorgeschlagenen Begriffsbestimmung zu verwenden, denn je konsequenter die Begriffe verstanden und eingesetzt werden, desto klarer und nutzbringender ist am Ende die resultierende Konzeptbeschreibung.

A.5.2.1 Gefahrenanalyse

Jeder Lebensmittelunternehmer muss durch eine Gefahrenanalyse prüfen, welche Gefahren für die Lebensmittelsicherheit in seiner Betriebsstätte, bei den vorgesehenen Rezepturen und Herstellungsverfahren, der Produktion sowie, soweit zutreffend, beim Transport, der Verteilung und der Ausgabe auftreten könnten. Die Analyse ist in angemessenem Umfang und dokumentiert durchzuführen.

Bei Änderungen in der Produktion und nach aufgetretenen Schadensfällen und Havarien ist sie zumindest partiell zu prüfen und erforderlichenfalls zu aktualisieren.

Als Voraussetzung für eine fundierte Gefahrenanalyse und Risikobewertung ist die Kenntnis und Beschreibung der Art der Produkte und der Prozesse erforderlich, wie beispielsweise:

- Ursprung der Zutaten/der Rohmaterialien, wodurch sich bestimmte Gefahren möglicherweise leichter ermitteln lassen;
- Zusammensetzung (z. B. Rohmaterialien, Zutaten, Zusatzstoffe, mögliche Allergene usw.);
- Struktur und chemisch-physikalische Eigenschaften (z. B. Feststoff, Flüssigkeit, Gel, Emulsion, Feuchtigkeitsgehalt, pH-Wert, Wasseraktivität usw.);
- Bearbeitung, Verarbeitung (z. B. Erhitzen, Tiefkühlen, Trocknen, Salzen, Räuchern usw.) sowie ihre Intensität;
- Verpackung (z. B. luftdicht, vakuumverpackt, Verwendung von Schutzgas) und Kennzeichnung;
- Lager- und Vertriebsbedingungen, einschließlich Transport und Handhabung;
- Haltbarkeitsdauer (z. B. „zu verwenden bis“ oder „mindestens haltbar bis“);
- Gebrauchsanweisungen;
- gegebenenfalls anzuwendende mikrobiologische oder chemische Kriterien.

Auf die Erforderlichkeit von ausreichend genauen Produktbeschreibungen sowie die Erstellung von Fließdiagrammen als Grundlage von prozessbegleitenden Gefahrenanalysen wurde bereits hingewiesen.

In der Praxis regelmäßig anzutreffen ist, dass in der Gefahrenanalyse neben den echten Gefahren (im Sinne der Rechtsdefinition) weitere Aspekte, die die Produktqualität betreffen, einfließen. Das ist – Stichwort Flexibilität – durchaus auch zulässig, aber eigentlich nicht anzuraten, denn dadurch wird die Dokumentation insgesamt unnötig aufgebläht. Je größer sie ist, desto größer ist das Risiko für Fehler einer wachsenden unzugänglichen Schrift.

Die Qualität eines HACCP-Systems – und auch die des Sicherheitsmanagementkonzeptes insgesamt – macht sich NICHT fest an der Menge oder dem Umfang der Konzeptbeschreibung und der dafür erforderlichen Gesamtanzahl an einzelnen Dokumenten und Dateien. Eher das Gegenteil ist der Fall. Hier gilt klar das Prinzip: so viel wie nötig (aber dann richtig!), so wenig wie möglich. Sobald die eigentlich adressierte Zielgruppe – nämlich die Mitarbeiter im Betrieb – nicht mehr durchsteigen und mangels Verständnis erreicht werden kann oder gar am Ende selbst der QM-Verantwortliche den Überblick verliert, ist damit niemandem mehr geholfen.

Aber wenn schon Aspekte der Produktqualität etc. mit eingebaut werden, dann sollte in der Darstellung der Dokumentation (z. B. zusätzliche Spalte in der Excel-Datei) erkennbar werden, dass das Unternehmen und die verantwortliche Person sich des Unterschiedes zwischen einer „Gefahr“ und weiteren Aspekten durchaus bewusst sind.

Eine in diesem Zusammenhang nicht förderliche Rolle spielen manche Auditierer, Zertifizierer privater Standards; nach dem Motto, jeder muss noch „den eigenen Senf dazu beitragen“. Dieses fehlt noch und jenes wurde noch nicht erwähnt ... Was soll der QM-Verantwortliche machen? Er benötigt die Unterschrift für das Zertifikat. Also fügt er das Gewünschte der Gesamtdokumentation hinzu. Und diese wächst und wächst ...

Ein ebenfalls fast regelmäßig anzutreffender Fehler in der Praxis ist, dass bei unzureichender Berücksichtigung des Wortlautes der Rechtsdefinition die Gefahr und die Ursache für diese Gefahr durcheinander geworfen oder sogar zusammengewürfelt werden. Wenn dieser Fehler gemacht wird, ist das resultierende Konzept von vornherein zur Sicherstellung der Lebensmittelsicherheit nicht tauglich.

Was ist gemeint?

Beispiel „Schädlinge“ (wird oft und gern als „Gefahr“ genannt): Es gibt eine Vielzahl von Konsumenten, die Insekten essen. Und kleinere Nagetiere stehen insbesondere in einigen asiatischen Ländern derart beliebt auf der Speisekarte, dass ein lokales Aussterben befürchtet werden muss. Kurz – „Schädlinge“ sind keine Gefahr im Sinne der Rechtsdefinition. Sie können allerdings (und das auch oft) als Vektoren wirken. Sie führen durch ihre Aktivitäten, indem sie unmittelbar Kontakt zu Rohstoffen und produktberührenden Oberflächen herstellen, zur Kontamination von Rohstoffen oder Produkten mit pathogenen Mikroorganismen. Die Gefahr hier sind also die von pathogenen Mikroorganismen ausgehenden Gesundheitsgefahren, die Schädlinge sind die Ursache, der Eintragsweg oder der Fehler hierfür. Insekten kommen als Gefahr nur insoweit in Betracht, wenn von ihnen selbst eine gesundheitsschädigende Wirkung für den Endverbraucher ausgeht, bspw. durch den Eintrag hoher Kontaminationen oder toxischer Metaboliten.

Ein weiteres Beispiel sei die Leuchtstoffröhre, bei der der Splitterschutz fehlt (PRP). Das Platzen dieser Röhre ist nicht die Gefahr, sondern der Fehler, die Ursache für die Gefahr, die die resultierenden Glassplitter für die Gesundheit der Endverbraucher bedeuten kann. Das Risiko zur Bewertung dieser Gefahr (also Fremdkörpereintrag während des Produktionsprozesses) ermittelt sich aus der Funktion der Schwere der Auswirkung und der Eintrittswahrscheinlichkeit (von der Ebene des Endproduktes aus gesehen). Bei Glassplittern im Produkt ist das Risiko mit Sicherheit hoch zu bewerten.

Hier kann die klare Empfehlung ausgesprochen werden: In dem Dokument, in dem die prozessbegleitende Gefahrenanalyse und Risikobewertung durchgeführt werden, sollte rechts neben der Spalte „Gefahr“ eine weitere vorgesehen sein, z. B. mit der Überschrift „Eintragungsweg/Fehler/Ursache“ bezeichnet. Wenn die für das Dokument Verantwortlichen diese Systematik verstanden haben, nachvollziehen können und befolgen, wird das Gesamtsystem im Ergebnis qualitativ stark profitieren.

A.5.2.2 Risikobewertung

Ergeben sich aus dieser Gefahrenanalyse Aspekte, die eine Gefährdung der Lebensmittelsicherheit befürchten lassen, folgt eine Risikobewertung, um die Wahrscheinlichkeit und Schwere einer gesundheitlichen Beeinträchtigung der Verbrauchenden durch die ermittelte Gefahr einzuschätzen.

Dabei ist der bestimmungsgemäße und vernünftigerweise vorhersehbare Verwendungszweck gegebenenfalls ein Kriterium der Risikobewertung:

- Wie wird das Produkt üblicherweise von den Verbrauchenden verwendet/verzehrt?
- An welche Personengruppe(n) soll das Produkt abgegeben werden?

ANMERKUNG 1 Wenn üblicherweise die Verzehrgewohnheit „roh“ ist, ergibt sich eine kritischere Risikobewertung als bei der Verwendung „weiterverarbeitet und abgebraten“:

ANMERKUNG 2 In der Gemeinschaftsverpflegung wird für bestimmte Personengruppen produziert. Im Falle von sozialen Einrichtungen wie Krankenhäusern, Kliniken, Pflegeheimen, Senioreneinrichtungen und Kindertagesstätten wird für Verpflegungsteilnehmer gekocht, die zu den empfindlichen Personengruppen zählen. Dies ist bei der Auswahl der Produkte, der Rezepturen und Produktionsverfahren zu berücksichtigen.

Im Ergebnis der Gefahrenanalyse muss für jede ermittelte Gefahr eine Risikobeschreibung angefertigt werden. Es folgt die eigentliche Risikobewertung.

Das Risiko muss dann als „gering“ bewertet werden, wenn eine Gefährdung für den Verbraucher bei sachgerechtem Umgang mit dem Lebensmittel nicht zu befürchten ist.

Je schwerer aber die Auswirkungen der Gefahr und je wahrscheinlicher ihr Auftreten ist, desto höher ist das Risiko einer gesundheitlichen Beeinträchtigung für den Verbraucher. Die Bewertung des Risikos in der Kategorie „hoch“ ist inakzeptabel. Daraus ergibt sich die Frage, ob die Gefahr(en) und damit das Risiko durch geeignete Maßnahmen im Vorfeld oder z. B. eine veränderte Rezeptur oder eine modifizierte Produktionsplanung vermieden oder vermindert werden können.

Mit Hilfe einer schematischen, gestuften Darstellung (siehe Bild A.2) der Ergebnisse der Gefahrenanalyse und Risikobeschreibung kann die endgültige Risikobewertung vorgenommen werden:

Dabei ist die Schwere der gesundheitlichen Beeinträchtigung (Auswirkung, A), z. B. leichtes Unwohlsein oder Erbrechen/Durchfall bis hin zu schweren lebensbedrohlichen Erkrankungen, in Stufen zusammenzufassen.

Die Wahrscheinlichkeit (W) des Auftretens der Gefahr wird in ebensolche Stufen von (sehr) unwahrscheinlich über möglich bis höchst wahrscheinlich zusammengefasst.

Für die Höhe des Risikos (R) wird ein proportionaler Zusammenhang zwischen der Wahrscheinlichkeit des Auftretens und der Auswirkung der gesundheitlichen Beeinträchtigung zu Grunde gelegt: $R = W \times A$. In 0 wurde eine 7-stufige Graduierung in Risikoklassen gewählt. Je feiner die Abstufungen vorgenommen werden, um so feiner wird auch die Risikobewertung ausfallen. Ist die ermittelte Stufenzahl gering, so ist das ermittelte Risiko sehr gering.

Dieses zweistufige Verfahren zur Risikobewertung wurde bereits erläutert. Die erste Stufe geschieht auf Basis der Grundannahme, dass gute PRPs entwickelt und auch tatsächlich implementiert wurden (Basishygiene), und nur für diejenigen Gefahren, die dann nach der Beurteilung des Unternehmens noch als relevante, spezifische Gefahren übrig bleiben, muss eine prozessbegleitende, detaillierte Gefahrenanalyse durchgeführt werden, um erkennen zu können, an welchen Stellen im Prozess sich die Gefahr wie entwickelt, und um i. d. R. unter Verwendung eines geeigneten Entscheidungsbaumes die Prozessschritte zu identifizieren, die eine „Beherrschung“, „Lenkung“ (kurz – „control“ im Sinne von HACCP) ermöglichen.

Dem wird oft entgegengehalten, dass, wenn man die prozessbegleitenden Analyse auf die „relevanten“, „spezifischen“ Gefahren beschränkt, ja dann nicht erkennbar wird, welche Basishygienemaßnahmen den Prozess auch noch begleiten und zum Teil sogar unterschiedlich wichtig sind, je nachdem, welche Prozessstufe betrachtet wird. Oft wird das auch von den Auditierern privater Standards vom Unternehmen verlangt.

Es stimmt natürlich ganz unbestritten, dass auch die ganz normalen PRPs für den Prozess wichtig, zum Teil sogar ganz erheblich wichtig sind. In ihrer Summe sind sie die Basis für das Etablieren von funktionierenden HACCP-basierten Systemen. Aber sie sind eben nicht diese Systeme selbst, nicht HACCP. Deshalb, wenn man auch die PRPs prozessbegleitend darstellen möchte, dann lässt sich das problemlos mit einer eigenen Spalte im Dokument tun, die z. B. mit „Basishygiene“ oder mit „PRP“ überschrieben wird. Man kann den Einträgen dieser Spalte auch, falls gewünscht (es ist nicht gefordert!, denn corrective measures nach den sieben Prinzipien werden nur für die CCPs gefordert, nicht für PRPs), auch eine eigene Spalte „Maßnahmen“ zuordnen. Wie auch immer – die deutliche Unterscheidung zwischen HACCP und PRPs sollte auch in dieser Darstellung der prozessbegleitenden Analyse klar erkennbar werden, damit der Fokus auf das Wesentliche nicht verloren geht.

WAHRSCHEINLICHKEIT					
hoch	4	4	5	6	7
real	3	3	4	5	6
gering	2	2	3	4	5
sehr gering	1	1	2	3	4
		1	2	3	4
		begenzt	mäßig	gravierend	sehr gravierend
		AUSWIRKUNG			

Bild A.2 — Risikobewertung

Fast immer wird über eine schematische Darstellung – wie die hier wiedergegebene – das Risiko einer betrachteten relevanten Gefahr *berechnet*. Da diesem Risiko eine verbindliche Rechtsdefinition zugrunde liegt, gibt es auch nur diesen einen Weg. In verschiedenen Standards und Konzeptdarstellungen sind manchmal noch weitere Faktoren anzutreffen, wie z. B. die Anzahl der betroffenen Personen im Falle des Falles oder die Entdeckungswahrscheinlichkeit, was aber alles nichts mit der vorgegebenen Risikobewertung, sondern mit der Risikobeschreibung zu tun hat und im Gegenteil zu nicht validen Ergebnissen führen kann!

Das hier abgebildete Beispiel stammt aus dem bereits mehrfach zitierten EU-Leitfaden von 2016.

Die Abbildung selbst wurde als Beispiel übernommen, die Legende dazu nicht. Sie lautet:

A = Auswirkung = Auswirkung oder Schweregrad der Gefahr in Bezug auf die menschliche Gesundheit.

HÖHE DES RISIKOS (R = W × A): SKALA VON 1 BIS 7

Die Formel „$R = W \times A$“ bedeutet mathematisch eine Produktbildung, d. h. die Annahme eines proportionalen Zusammenhangs, um hinsichtlich seiner Bedeutung den massiven Unterschied zwischen „sehr gering“ und „begrenzt“

einerseits sowie „hoch“ und „sehr gravierend“ andererseits deutlich aufzuzeigen.

Die erreichbaren Punktwerte reichen von 1 bis 16.

Für die Bewertung von *R* wird im zweiten Schritt eine 7-stufige Bewertungsskala zugrunde gelegt, die die Höhe des Risikos in vergleichbare Stufen zusammenfasst:

Punktwert	Skalenwert	
16	7	höchste Stufe
12	6	
8–9	5	
3–4	4	
3–4	3	
2	2	
1	1	niedrigste Stufe

Das ist eine **beispielhafte** Festlegung und muss auf die zu bewertenden Risiken passen:

Ein Risiko mit sehr geringer Wahrscheinlichkeit, aber gravierender Auswirkung wird demnach einem Risiko mit realer Wahrscheinlichkeit und mit begrenzter Auswirkung gleichgesetzt.

Mit zunehmender Auswirkung (= Schwere) sinkt die dafür erforderliche Wahrscheinlichkeit um eine Skalenstufe.

Für die „Ränder“ ist die Bewertung eindeutig: Eine hohe Wahrscheinlichkeit mit sehr gravierender Auswirkung erreicht die höchste Skalenstufe und am anderen Ende das Risiko mit sehr geringer Wahrscheinlichkeit und mit sehr geringer Auswirkung die niedrigste Skalenstufe.

Aber die tatsächliche Formel, die für die Skalierung in sieben Stufen zugrunde gelegt wurde, ist $W + A - 1$, damit werden die Bedeutungsunterschiede in den Punktwerten abgemildert.

Es ist dem Unternehmen, wenn es eine 4 × 4-Feldertafel, wie hier dargestellt, für das eigene Konzept benutzen möchte, anzuraten, zunächst tatsächlich mit der Produktbildung zu arbeiten, um die Zahlenwerte zu berechnen und in einem zweiten Schritt daraus die Skalenbildung für die Höhe des Risikos und die Sinnhaftigkeit der Risikobewertung ableiten und überprüfen zu können.

Auch bei den im EU-Leitfaden der Abbildung folgenden Beispielen dafür, was z. B. unter „sehr gering“, „gering“ usw. zu verstehen ist, muss bei der Benutzung zur Vorsicht geraten werden. Sie wurden in die vorliegende Norm nicht mit aufgenommen, denn sie enthalten im Hinblick auf HACCP einige methodische Fehler.

In vielen Fällen werden von den Unternehmen die HACCP-gestützten Verfahren nicht auf die echte Produktsicherheit beschränkt, sondern auch weitere Gesichtspunkte, z. B. solche der Produktqualität, mit einbezogen. Das ist im Rahmen der für die HACCP-Verfahren gegebenen Flexibilität prinzipiell zulässig, sollte aber klar vom HACCP zur Lebensmittelsicherheit abgegrenzt werden, um eine Vermischung dieser unterschiedlichen Aspekte zu vermeiden.

Im Managementsystem für Lebensmittelsicherheit können solche Gesichtspunkte mit aufgenommen werden. Der Teil des HACCP-Systems sollte solitär stringent an dessen Konzeption orientiert ausformuliert werden. Der Begriff CCP sollte nur im HACCP-System verwendet werden.

Hierauf wurde bereits oben im Text eingegangen. Bei aller Flexibilität – in jedem Falle sollte in der Systembeschreibung deutlich erkennbar werden, dass dem Unternehmen der Unterschied zwischen einer echten „Gefahr“ im lebensmittelrechtlichen Sinne im Gegensatz zu anderen, zusätzlich mit abgehandelten Gesichtspunkten klar und bewusst ist.

A.6 Dokumente zur inhaltlichen Ausgestaltung/ Implementierung/Flexibilität

A.6.1 Veröffentlichungen der Europäischen Kommission zu HACCP-gestützten Verfahren

Die Europäische Kommission hat mit der Veröffentlichung des Leitfadens von 2005 und der Bekanntmachung von 2016 die Absicht verbunden, die Umsetzung der EU-Verordnung (EG) Nr. 852/2004 zur Umsetzung von HACCP-gestützten Verfahren und der Berücksichtigung von PRPs durch praktische Orientierungshilfe zu erleichtern und zu vereinheitlichen.

Im Leitfaden von 2005 werden die Grundsätze für HACCP-gestützte Verfahren erläutert und Hinweise zur flexiblen Umsetzung gegeben.

In der Bekanntmachung von 2016 wird insbesondere das Zusammenwirken von Basishygienemaßnahmen und HACCP-gestützten Verfahren dargestellt und die wesentlichen Basishygienemaßnahmen im Anhang A benannt.

Als wesentliche Arbeitshilfen zur Umsetzung rechtlicher Forderungen wird auf folgende Veröffentlichungen verwiesen:

- Leitfaden für die Durchführung bestimmter Vorschriften der Verordnung (EG) Nr. 852/2004 über Lebensmittelhygiene ABl. L 226 vom 25.6.2004, S. 3;
- Leitfaden für die Umsetzung von HACCP-gestützten Verfahren und zur Erleichterung der Umsetzung der HACCP-Grundsätze in bestimmten Lebensmittelunternehmen, SANCO/1955/2005 Rev. 3 (PLSPV/2005/1955/1955R5-DE.doc);
- Bekanntmachung der Kommission zur Umsetzung von Managementsystemen für Lebensmittelsicherheit unter Berücksichtigung von PRPs und auf die HACCP-Grundsätze gestützten Verfahren einschließlich Vereinfachung und Flexibilisierung bei der Umsetzung in bestimmten Lebensmittelunternehmen C/2016/4608 ABl. C 278 vom 30.7.2016, S. 1–32.

Darauf, dass auch die Veröffentlichungen der Kommission, insbesondere die hier letztgenannte, keinesfalls den Anspruch erheben können, fehlerfrei zu sein, sondern ganz im Gegenteil zum Teil erhebliche methodische Fehler enthalten, wurde bereits mehrfach hingewiesen. Der größte hierbei ist, dass bei der Kommission der Unterschied zwischen „spezifischen Kontroll-, Beherrschungs-, Lenkungsmaßnahmen“ auf der einen und Basishygienemaßnahmen auf der anderen Seite noch nicht verinnerlicht worden ist. Im von ihr benutzten Sprachgebrauch läuft meist alles unter „Kontrollmaßnahmen“ und wird damit in einen Topf geworfen.

Nachfolgend ist im Normtext Anhang A.6.2 ein Beschluss der Länderarbeitsgemeinschaft für Fleisch- und Geflügelfleischhygiene und fachspezifische Fragen von Lebensmitteln tierischer Herkunft (AFFL) zur Flexibilisierung der Implementierung von HACCP-Verfahren abgedruckt worden. Dieser Beschluss ist eine Übereinkunft zur Interpretation des Begriffs *Flexibilisierung* und seiner Umsetzung in die Praxis der zuständigen Lebensmittelüberwachungsbehörden der Länder. Mit der regelmäßigen Veröffentlichung solcher Beschlüsse soll auch dem verantwortlichen Lebensmittelunternehmen eine Richtschnur für die eigenen Entscheidungen gegeben werden.

Diese Ausführungen sind hinreichend deutlich und auch mit entsprechenden Beispielen unterlegt – sie bedürfen daher keiner weitergehenden Erläuterungen.

A.6.2 Beschluss der Länderarbeitsgemeinschaft für Fleisch- und Geflügelfleischhygiene und fachspezifische Fragen von Lebensmitteln tierischer Herkunft (AFFL) zur Flexibilisierung der Implementierung von HACCP-Verfahren

Hintergrund ist, dass eine Identifizierung von kritischen Lenkungspunkten in bestimmten Lebensmittelunternehmen nicht möglich ist und dass eine Gute Hygienepraxis in manchen Fällen die Überwachung der kritischen Lenkungspunkte ersetzen kann.

In Deutschland wird für die risikobasierte und abgestufte Implementierung der HACCP-gestützten Verfahren ein anerkanntes Modell praktiziert, das eine vierstufige Gliederung verschiedener Betriebstypen in den verschiedenen Bereichen der Lebensmittelwirtschaft umfasst.

Dieses Modell beruht auf einem AFFL-Beschluss unter Berücksichtigung der EU-Leitlinien und aktueller EFSA-Gutachten.

Stufe 1: Betriebe mit einem sehr geringen betrieblichen Risiko („Basishygienebetriebe")

Betriebe, in denen keine Be- und Verarbeitungsschritte erfolgen, die zu einer wesentlichen Veränderung des ursprünglichen Erzeugnisses führen. Zu solchen Be- und Verarbeitungsschritten gehören Zubereitungsschritte, die über einfache Tätigkeiten wie Aufschneiden oder Mischen und Verpacken nicht hinausgehen. Dabei ist prinzipiell nicht die Größe des Betriebes entscheidend, gemessen z. B. am Warenumsatz oder nach der Anzahl der Beschäftigten, sondern vorrangig Kriterien wie die Art der Produkte, die Handhabung der Lebensmittel sowie die Vermarktungsstufe mit der direkten Abgabe an den Verbraucher. Hierzu zählen auch Klein- und Kleinstbetriebe, wie Marktstände und mobile Verkaufseinrichtungen sowie Betriebe des Transports und Lagerung verpackter, haltbarer Lebensmittel.

Für diese Betriebe bietet im Allgemeinen die Einhaltung der Guten Hygienepraxis eine ausreichende Sicherheit zur Beherrschung des betrieblichen Risikos. Aus diesem Grunde kann hier zwar nicht auf die Gefahrenanalyse, jedoch auf deren detaillierte Durchführung verzichtet werden. Die im Rahmen der Umsetzung der GHP erforderlichen Eigenkontrollen und Dokumentationen können auf das unbedingt erforderliche Mindestmaß wie z. B. Wareneingangskontrolle, Einhaltung der Kühlkette oder durchgeführte Personalschulungen beschränkt werden.

Stufe 2: Betriebe mit einem eher geringen betrieblichen Risiko

Betriebe, in denen lediglich einfache berufsspezifische Routinetätigkeiten mit einem eher geringen betrieblichen Risiko durchgeführt werden, z. B. Restaurants, Einrichtungen zur Verpflegung an Bord von Bahn oder Schiff, handwerkliche Bäckereien und Konditoreien und entsprechend in der Fleischbranche der Einzelhandel mit Fleischtheke, handwerkliche Schlachtbetriebe und Fleischereien.

Für diese Betriebe bietet im Allgemeinen die Einhaltung der Guten Hygienepraxis, nach Möglichkeit unter Berücksichtigung branchenspezifischer GHP-Leitlinien, eine ausreichende Sicherheit zur Beherrschung des betrieblichen Risikos. Bei diesen Betrieben kann auf die Einrichtung eines individuellen, betriebsspezifischen HACCP-Konzeptes verzichtet werden. Darüber hinaus kann es im Einzelfall erforderlich werden, für individuelle Prozesse entsprechende Ergänzungen nachzuweisen, insbesondere bei der Anwendung bestimmter Verfahren, die nicht in den GHP-Leitlinien beschrieben sind.

Stufe 3: Betriebe mit einem erhöhten betrieblichen Risiko

Betriebe, in denen vergleichbare Be- und Verarbeitungs-Prozessketten innerhalb einer Branche mit einem erhöhten betrieblichen Risiko erfolgen, z. B. Betriebe mit standardisierbaren Herstellungsprozessen, wie Konservenhersteller oder Hersteller pasteurisierter flüssiger Produkte, aber auch Betriebe, welche die üblichen Verfahren zur Verarbeitung von Fisch oder Milch (Molkereien) anwenden, Tiefkühl-Betriebe, Zentral- und Großküchen sowie große Cateringbetriebe.

In diesen Betrieben kann auf die Einrichtung eines individuellen betriebsspezifischen HACCP-Konzeptes bei Nachweis der Anwendung einer registrierten Leitlinie für eine gute Verfahrenspraxis nach Kapitel III gem. VO (EG) Nr. 852/2004Artikel 7,8 und 9 auf der Grundlage eines branchenspezifischen HACCP-Konzeptes verzichtet werden. Allerdings ist es erforderlich, diese Leitlinie dann jeweils betriebsspezifisch anzupassen. Darüber hinaus kann es im Einzelfall erforderlich werden, für individuelle Prozesse entsprechende Ergänzungen nachzuweisen, insbesondere dann, wenn diese Leitlinie bestimmte Verfahren nicht miterfasst.

Stufe 4: Betriebe mit einem hohen betrieblichen Risiko

Betriebe, in denen individuelle Be- und Verarbeitungsprozesse mit einem hohen betrieblichen Risiko durchgeführt werden. Darunter fallen alle sonstigen Betriebe, die Lebensmittel herstellen, bearbeiten oder verarbeiten bzw. zubereiten und nicht in die Stufen 1 bis 3 fallen, wie z. B. bestimmte Fleisch-, Fisch- und Pflanzen verarbeitende Betriebe.

Bei diesen Betrieben ist letztendlich der Nachweis der Einhaltung der Anforderungen an ein vollständiges, individuelles, betriebsspezifisches HACCP-Konzept erforderlich, bezogen auf jede Produktgruppe bzw. gefahrene Prozesslinie.

Es gehört zur Eigenverantwortung der Lebensmittelunternehmen, ihren Betrieb in Abhängigkeit von den Tätigkeiten nach plausiblen Kriterien einer der o. g. Risikostufen zuzuordnen.

Es folgt der Anhang B mit Flussdiagrammen zur Verwendung im HACCP-Konzept sowie Anhang C mit Beispielen. Anhang B und C waren bisher als Beiblatt zur DIN 10503 veröffentlicht worden und wurden in der Überarbeitung als Anhange der Norm übernommen.

Grundlage der Darstellung von Flussdiagrammen bildet der Rückgriff auf die DIN 660001. Ihre Bedeutung für die Erstellung und Bearbeitung von Konzepten im Rahmen von Lebensmittelmanagementsystemen besteht darin, Schritte in der Produktion, der Herstellung von Lebensmitteln verständlich und leicht zugänglich sichtbar machen zu können und auf deren Basis Maßnahmen der Lebensmittelsicherheit, Anleitungen oder Maßnahmen zur Qualitätssicherung übersichtlich zusammenzustellen. Die Visualisierung ermöglicht eine übergreifende Betrachtung und/oder Anpassung von Prozessschritten, inkl. deren Ableitungen und Schlussfolgerungen.

Anhang B (normativ) Flussdiagramme zur Verwendung im HACCP-Konzept – Symbole, Art der Darstellung

B.1 Allgemeines

In diesem normativen Anhang werden Informationen über Flussdiagramme, die im Lebensmittelbereich im Rahmen des HACCP-Konzeptes zur Anwendung kommen können, gegeben. Der Anhang enthält ergänzend zu den Definitionen zum HACCP-Konzept Beispiele für Symbole sowie mögliche Arten der Darstellung.

Es werden Möglichkeiten zur einheitlichen und anschaulichen Darstellung von Herstellungsprozessen in der Lebensmittelverarbeitung beschrieben, welche als Hilfestellung für die Erstellung von Flussdiagrammen dienen können. Diese werden zur Beschreibung von Herstellungsprozessen z. B. im Rahmen der Anwendung von HACCP-Konzepten nach Verordnung (EG) Nr. 852/2004 in Lebensmittelbetrieben erstellt.

Anhang C zeigt Symbole und deren Anwendung im Rahmen der Fließdiagrammtechnik.

B.2 Beschreibung der Flussdiagramme

In einem Flussdiagramm kann der gesamte Weg eines Erzeugnisses über alle Stufen des Herstellungsprozesses – einschließlich Verweilzeiten innerhalb von und zwischen Prozessstufen – beginnend mit der Ankunft der Rohstoffe im Betrieb über die Zubereitung, Behandlung, Verpackung, Lagerung und Verteilung bis hin zur Vermarktung des Enderzeugnisses in seiner Gesamtabfolge dargestellt werden. Die Darstellung kann mit den wichtigen technischen Parametern des Prozessablaufes, insbesondere Temperatur-Zeitbeziehung einschließlich Verweilzeiten innerhalb und zwischen Prozessstufen, ergänzt werden.

Das Flussdiagramm bildet die Basis der Prozessspezifikation eines Lebensmittels. Es kann nicht nur eine Gefahrenanalyse und die Identifizierung von kritischen (Lenkungs-)Punkten erlauben, sondern es kann auch benutzt werden um

a) den Materialfluss zu analysieren und Zusammenhänge zwischen den Produktlinien aufzuzeigen (z. B. Materialflussdiagramm),

b) den vermehrten Gebrauch von Transportschritten herauszustellen,

c) mögliche Engpässe und Verzögerungen in der Produktion vorherzusagen,

d) die Benutzung von Räumlichkeiten und Ausrüstung zu verbessern,

e) im Rahmen der Auditdurchführung nach DIN EN ISO 19011 den Herstellungsprozess zu analysieren (z. B. Grundfließbild).

B.3 Grundfließbilder und Materialflussdiagramme

B.3.1 Allgemeines

Für die Erstellung von Flussdiagrammen kommen Grundfließbilder und/oder Materialflussdiagramme nach B.3.2 und B.3.3 zur Anwendung. Die Wahl der Bildart hängt vom jeweiligen Zweck der Darstellung ab.

B.3.2 Grundfließbild

Fließbild zur zeichnerischen Darstellung eines Herstellungsprozesses in einfacher Form (siehe auch Beispiel in Bild C.1).

Die Darstellung erfolgt mit Hilfe von Rechtecken, die durch Linien verbunden werden. Die Linien bedeuten Flusslinien für Stoffe.

B.3.3 Materialflussdiagramm

Zeichnerische Darstellung des betriebsspezifischen Prozesses. Es dient der Analyse der tatsächlichen Temperatur/Zeitbeziehungen einschließlich der Verweilzeiten (siehe Beispiel in Bild C.2).

B.4 Graphische Symbole

B.4.1 Symbole für Grundfließbilder

B.4.1.1 Allgemeines

Größe und Farbgebung sind freibleibend.

B.4.1.2 Prozessstufe

Bild B.1 — Symbol Prozessstufe

Eine Prozessstufe ist eine beliebige Stufe des Herstellungsprozesses eines Lebensmittels einschließlich Rohmaterialien und deren Annahme, Beförderung, Formulierung, Verarbeitung, Lagerung, usw. Eine Prozessstufe kann eine Tätigkeit, ein Verfahrensschritt, eine verfahrenstechnische Anlage oder ein Anlagenteil sein (Symbol Prozessstufe siehe Bild B.1).

B.4.1.3 Grenzstelle

Bild B.2 — Symbol Grenzstelle

Eine Grenzstelle bezeichnet Anfangs-/Endschritte oder Schnittstellen im Herstellungsprozess. Diese sind der Eintrag von Rohstoffen, Zutaten und Zusatzstoffen in den Prozess und der Austrag von Zwischen- und Enderzeugnissen aus einem Prozess (Symbol Grenzstelle siehe Bild B.2).

B.4.1.4 Verzweigung

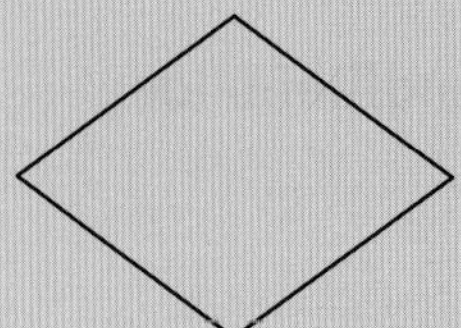

Bild B.3 — Symbol Verzweigung

Eine Verzweigung bezeichnet eine Trennung eines Produktionsablaufes in neue getrennte Abläufe. Soweit diese alternativ angelegt sind, liegt dem jeweiligen Ablauf eine Entscheidung zugrunde (Symbol Verzweigung siehe Bild B.3).

B.4.1.5 Flusslinie

Bild B.4 — Symbol Flusslinie

Eine Flusslinie bezeichnet den Fließweg und die Fließrichtung der Stoffe (Symbol Flusslinie siehe Bild B.4).

B.4.2 Symbole für den Materialfluss

B.4.2.1 Tätigkeit

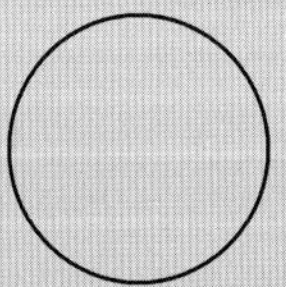

Bild B.5 — Symbol Tätigkeit

Eine Tätigkeit ist eine Maßnahme, durch welche das Lebensmittel eine beabsichtigte Veränderung einer mikrobiologischen, physikalischen oder chemischen Eigenschaft erfährt, gemischt, getrennt oder auf andere Weise für einen nachfolgenden Prozessschritt vorbereitet wird. Eine Tätigkeit führt das Ausgangsmaterial einen Prozessschritt näher zum Endprodukt (Symbol Tätigkeit siehe Bild B.5).

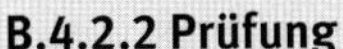

B.4.2.2 Prüfung

Bild B.6 — Symbol Prüfung

Eine Prüfung ist eine Beobachtung, Messung oder Untersuchung eines Objektes, um qualitative oder quantitative Informationen bezüglich jeder einzelnen Eigenschaft inklusive der Nämlichkeit zu gewinnen (Symbol Prüfung siehe Bild B.6).

B.4.2.3 Transport

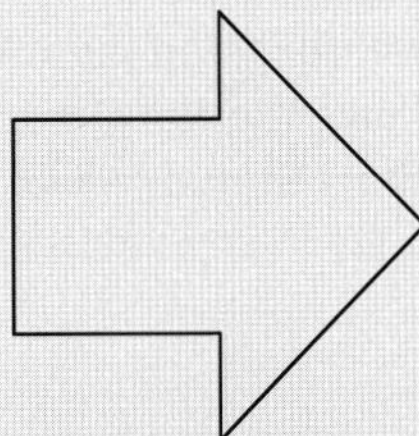

Bild B.7 — Symbol Transport

Ein Transport ist eine Bewegung des Materials von einem Punkt zum anderen, ausgenommen die Bewegung, die integraler Bestandteil einer Tätigkeit ist (Symbol Transport siehe Bild B.7).

B.4.2.4 Verzögerung

Bild B.8 — Symbol Verzögerung

Eine Verzögerung ist eine Verzögerung oder Wartezeit, die eintritt, wenn das Material bedingt durch Beschränkungen oder Unausgewogenheit des Prozessentwurfes auf den nächsten Prozessschritt warten muss. Eine Verzögerung wird niemals durch Produkterfordernisse vorgeschrieben (Symbol Verzögerung siehe Bild B.8).

B.4.2.5 Lagerung

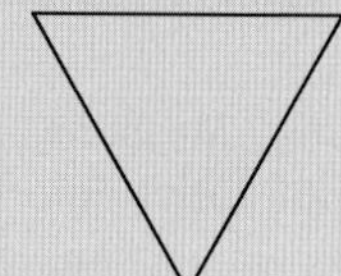

Bild B.9 — Symbol Lagerung

Eine Lagerung ist eine Aufbewahrung und Zurückhaltung eines Objektes an einem vorgegebenen und dokumentierten Ort zur autorisierten Entfernung oder Weiterverarbeitung (Symbol Lagerung siehe Bild B.9).

B.5 Art der Darstellung

Der Herstellungsprozess sollte logisch und folgerichtig von dem Rohmaterialeingang bis zur Ausgabe des Endproduktes beschrieben werden. Für jeden Stoff, aus dem das Enderzeugnis besteht oder bestehen sollte, sollte die Prozesskette aufgestellt werden – bis zu dem Punkt, an dem er mit anderen zusammengeführt wird.

Die Schnittstellen sollten so gewählt werden, dass das Diagramm modular aus einzelnen Elementen, die jeweils eine komplexe und in sich geschlossene Einheit bilden, aufgebaut ist.

Bei der Erstellung eines Materialflussdiagramms sollten nach der Art der Verfahrensschritte die Symbole nach Abschnitt B.4 benutzt werden. Bei kombinierten Verfahren, wie z. B. einem zeitabhängigen Reifungsschritt, wird das Symbol für die hauptsächliche Aktivität benutzt. Für einen Reifungsschritt wird deshalb eher das Symbol für eine Tätigkeit als das für einen Lagerungsschritt zu verwenden sein.

Für den praktischen Gebrauch sind diese Sinnbilder in einen Vordruck aufgenommen worden (siehe Abschnitt C.2). Der notwendige Detaillierungsgrad ist abhängig von der Komplexität des Herstellungsprozesses für ein bestimmtes Lebensmittel. Gegebenenfalls sind mehrere Formblätter zu benutzen. In das Flussdiagramm sollten alle wichtigen technischen Parameter des Prozessablaufes, wie Temperatur/Zeitbeziehung einschließlich Verweilzeiten und andere physikalische und/oder chemische Kriterien, eingetragen werden (siehe Abschnitt C.3, Beispiel für ein Materialflussdiagramm).

ANMERKUNG Kritische (Lenkungs-)Punkte können ebenfalls im Flussdiagramm dargestellt werden.

Anhang C (informativ) Beispiele für Flussdiagramme

C.1 Beispiel für ein Grundfließbild: Herstellung von Brühwurst mit Einlage

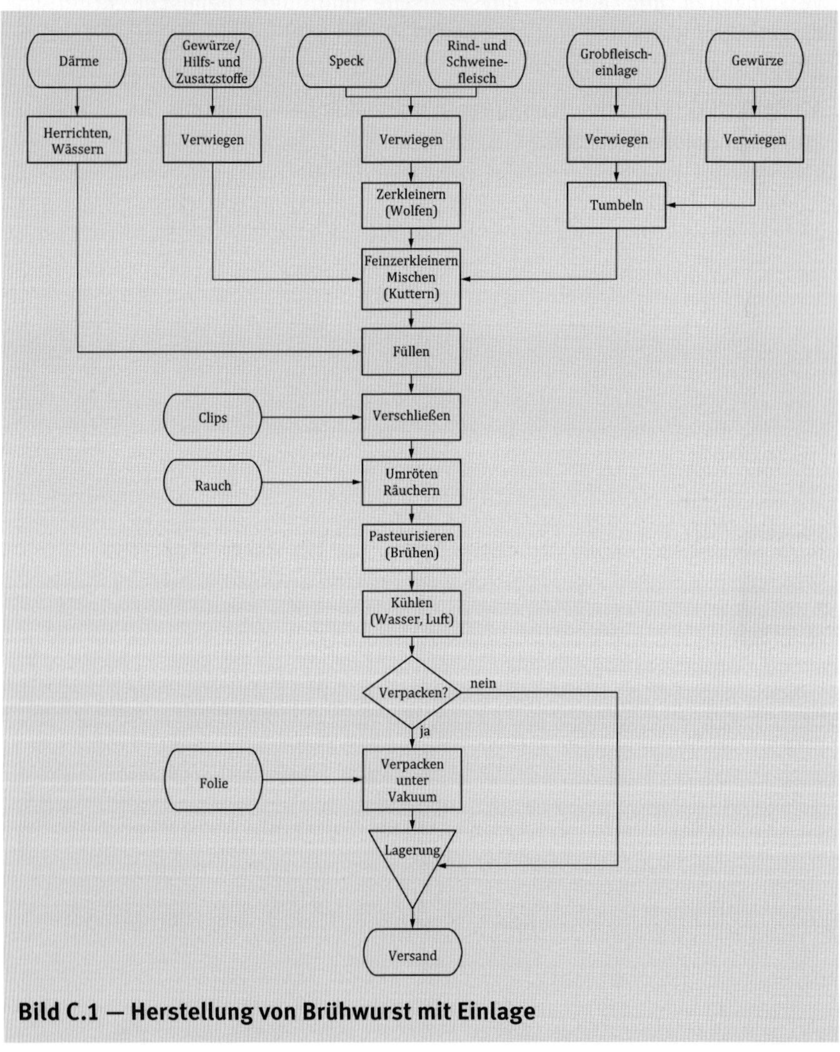

Bild C.1 — Herstellung von Brühwurst mit Einlage

C.2 Vordruck für ein Materialflussdiagramm

Die Vervielfältigung der Tabelle C.1 ist unbeschadet der Rechte von DIN an der Gesamtheit des Dokumentes gestattet.

Tabelle C.1 — Materialflussdiagramm

Produkt: Herstellungsprozess: **Prozessschritt: von bis Betriebsnummer:** **Datum: geprüft durch:**	**Beschreibung/Kommentar:**											
Prozessschritt	**Nr.**											
Lagerung												
Prüfung												
Verzögerung												
Transport												
Tätigkeit												
Zeitdauer												
Temperatur	°C											

C.3 Beispiel für ein Materialflussdiagramm: Herstellung von Milchspeiseeis

Das Beispiel für ein Flussdiagramm in Bild C.2 stellt den Prozess der handwerklichen Herstellung von Milchspeiseeis dar.

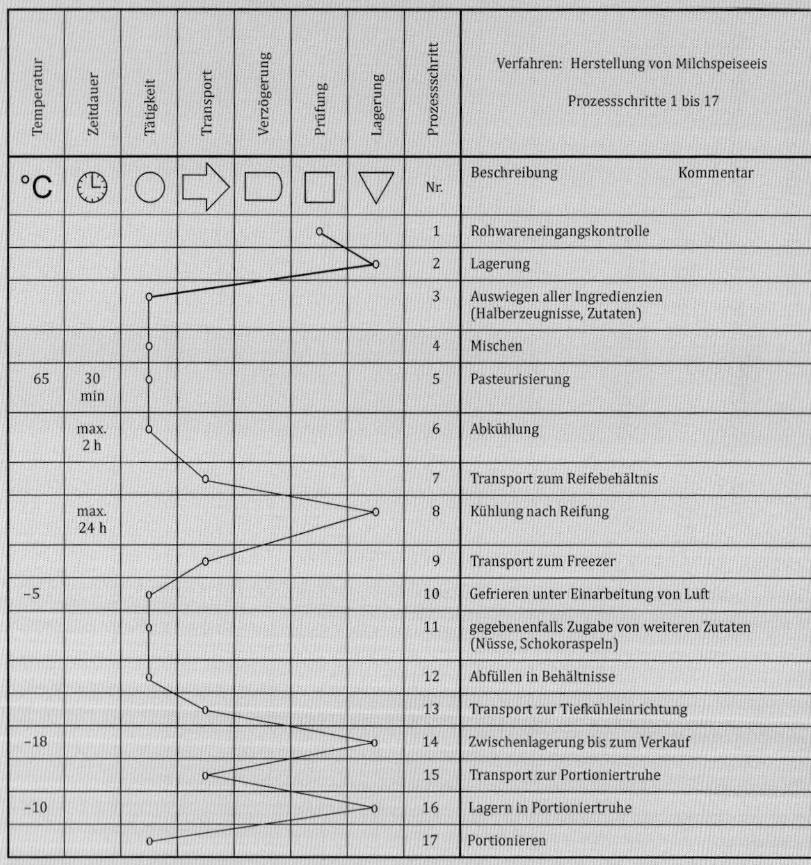

Temperatur	Zeitdauer	Tätigkeit	Transport	Verzögerung	Prüfung	Lagerung	Prozessschritt	Verfahren: Herstellung von Milchspeiseeis Prozessschritte 1 bis 17	
°C							Nr.	Beschreibung	Kommentar
					o		1	Rohwareneingangskontrolle	
						o	2	Lagerung	
		o					3	Auswiegen aller Ingredienzien (Halberzeugnisse, Zutaten)	
		o					4	Mischen	
65	30 min	o					5	Pasteurisierung	
	max. 2 h	o					6	Abkühlung	
			o				7	Transport zum Reifebehältnis	
	max. 24 h					o	8	Kühlung nach Reifung	
			o				9	Transport zum Freezer	
-5		o					10	Gefrieren unter Einarbeitung von Luft	
		o					11	gegebenenfalls Zugabe von weiteren Zutaten (Nüsse, Schokoraspeln)	
		o					12	Abfüllen in Behältnisse	
			o				13	Transport zur Tiefkühleinrichtung	
-18						o	14	Zwischenlagerung bis zum Verkauf	
			o				15	Transport zur Portioniertruhe	
-10						o	16	Lagern in Portioniertruhe	
		o					17	Portionieren	

Bild C.2 — Herstellung von Speiseeis

Literaturhinweise

DIN 10516, *Lebensmittelhygiene — Reinigung und Desinfektion*

DIN 15185-2:2013-10, *Flurförderzeuge — Sicherheitsanforderungen — Teil 2: Einsatz in Schmalgängen*

DIN 66001, *Informationsverarbeitung — Sinnbilder und ihre Anwendung*

DIN EN 1672-2:2021-05, *Nahrungsmittelmaschinen — Allgemeine Gestaltungsleitsätze — Teil 2: Anforderungen an Hygiene und Reinigbarkeit; Deutsche Fassung EN 1672-2:2020*

DIN EN ISO 10628-1, *Schemata für die chemische und petrochemische Industrie — Teil 1: Spezifikation der Schemata*

DIN EN ISO 19011, *Leitfaden zur Auditierung von Managementsystemen*

BEKANNTMACHUNG DER KOMMISSION zur Umsetzung von Managementsystemen für Lebensmittelsicherheit unter Berücksichtigung von PRPs und auf die HACCP-Grundsätze gestützten Verfahren einschließlich Vereinfachung und Flexibilisierung bei der Umsetzung in bestimmten Lebensmittelunternehmen (2016 C 278/01)

Lebensmittel- und Futtermittelgesetzbuch (LFGB) in der Fassung der Bekanntmachung vom 3. Juni 2013 (BGBl. I S. 1426), das zuletzt durch Artikel 97 der Verordnung vom 19. Juni 2020 (BGBl. I S. 1328) geändert worden ist

Lebensmittelhygiene-Verordnung (LMHV) in der Fassung der Bekanntmachung vom 21. Juni 2016 (BGBl. I S. 1469), die durch Artikel 2 der Verordnung vom 3. Januar 2018 (BGBl. I S. 99) geändert worden ist

Tierische Lebensmittel-Hygieneverordnung (Tier-LMHV) in der Fassung der Bekanntmachung vom 18. April 2018 (BGBl. I S. 480 (619)), die durch Artikel 2 der Verordnung vom 11. Januar 2021 (BGBl. I S. 47) geändert worden ist

VERORDNUNG (EU) Nr. 528/2012 des Europäischen Parlaments und des Rates vom 22. Mai 2012 über die Bereitstellung auf dem Markt und die Verwendung von Biozidprodukten

Verordnung (EG) Nr. 1935/2004 des Europäischen Parlaments und des Rates vom 27. Oktober 2004 über Materialien und Gegenstände, die dazu bestimmt sind, mit Lebensmitteln in Berührung zu kommen und zur Aufhebung der Richtlinien 80/590/EWG und 89/109/EWG

Verordnung (EU) Nr. 1169/2011 des Europäischen Parlaments und des Rates vom 25. Oktober 2011 betreffend die Information der Verbraucher über Lebensmittel und zur Änderung der Verordnungen (EG) Nr. 1924/2006 und (EG) Nr. 1925/2006 des Europäischen Parlaments und des Rates und zur Aufhebung der Richtlinie 87/250/EWG der Kommission, der Richtlinie 90/496/EWG des Rates, der Richtlinie 1999/10/EG der Kommission, der Richtlinie 2000/13/EG des Europäischen Parlaments und des Rates, der Richtlinien 2002/67/EG und 2008/5/EG der Kommission und der Verordnung (EG) Nr. 608/2004 der Kommission

Verordnung (EWG) Nr. 315/93 des Rates vom 8. Februar 1993 zur Festlegung von gemeinschaftlichen Verfahren zur Kontrolle von Kontaminanten in Lebensmitteln

Bundesinstitut für Risikobewertung. Fragen und Antworten zum Hazard Analysis and Critical Control Point (HACCP)-System[online]. Aktualisierte Fassung, Berlin 2021; verfügbar unter: https://www.bfr.bund.de/cm/350/fragen_und_antworten_zum_hazard_analysis_and_critical_control_point__haccp__konzept.pdf

FAO/WHO Codex Alimentarius Commission: GENERAL PRINCIPLES OF FOOD HYGIENE CXC 1-1969 Adopted in 1969. Amended in 1999. Revised in 1997, 2003, 2020

Richtlinie 65/65/EWG des Rates vom 26. Januar 1965 zur Angleichung der Rechts- und Verwaltungsvorschriften über Arzneispezialitäten

Richtlinie 76/768/EWG des Rates vom 27. Juli 1976 zur Angleichung der Rechtsvorschriften der Mitgliedstaaten über kosmetische Mittel

Richtlinie 89/622/EWG des Rates vom 13. November 1989 zur Angleichung der Rechts- und Verwaltungsvorschriften der Mitgliedstaaten über die Etikettierung von Tabakerzeugnissen

Richtlinie 92/73/EWG des Rates vom 22. September 1992 zur Erweiterung des Anwendungsbereichs der Richtlinien 65/65/EWG und 75/319/EWG zur Angleichung der Rechts- und Verwaltungsvorschriften über Arzneimittel und zur Festlegung zusätzlicher Vorschriften für homöopathische Arzneimittel

Richtlinie 98/83/EG des Rates vom 3. November 1998 über die Qualität von Wasser für den menschlichen Gebrauch

RICHTLINIE DES RATES vom 15. Juli 1980 über die Qualität von Wasser für den menschlichen Gebrauch (80/778/EWG)